Bezugsbedingungen:

Preis des Heftes 1 bis 112 je 1 Mk,

zu beziehen durch Julius Springer, Berlin W. 9, Linkstr. 23/24;

für Lehrer und Schüler technischer Schulen 50 Pfg,

zu beziehen gegen Voreinsendung des Betrages vom Verein deutscher Ingenieure, Berlin N.W. 7, Charlottenstraße 43.

Von Heft 113 an sind die Preise entsprechend auf 2 ℳ und 1 ℳ erhöht.

Eine Zusammenstellung des Inhaltes der Hefte 1 bis 107 der Mitteilungen über Forschungsarbeiten zugleich mit einem Namen- und Sachverzeichnis wird auf Wunsch kostenfrei von der Redaktion der Zeitschrift des Vereines deutscher Ingenieure, Berlin N.W., Charlottenstr. 43, abgegeben.

Heft 108/109: **Vogel**, Ueber die Temperaturänderung von Luft und Sauerstoff beim Strömen durch eine Drosselstelle bei 10° C und Drücken bis zu 150 at.
Soennecken, Der Wärmeübergang von Rohrwänden an strömendes Wasser.
Knoblauch und **Hilde Mollier**, Die spezifische Wärme c_p des überhitzten Wasserdampfes für Drücke von 2 bis 8 kg/qcm u. Temperaturen von 350 bis 550° C.

Heft 110/111: Untersuchungen an elektrisch u. mit Dampf betriebenen Fördermaschinen.

Heft 112: **E. Heyn** und **O. Bauer**, Untersuchung eines gerissenen Flammrohrschusses.
R. Baumann, Versuche mit Aluminium, geschweißt und ungeschweißt, bei gewöhnlicher und bei höherer Temperatur.

Heft 113: **Walther**, Versuche über den Arbeitsbedarf und die Widerstände beim Blechbiegen.

Heft 114: **Hochschild**, Versuche über die Strömungsvorgänge in erweiterten und verengten Kanälen.

Heft 115: **Arlt**, Untersuchungen über Wetterführung mittels Lutten.

Heft 116: **Hort**, Untersuchung von Flüssigkeiten, die als vermittelnde Körper im oberen Prozeß einer Mehrstoffdampfmaschine Verwendung finden können.
Gary, Ueber die Prüfung feuerfester Steine nach den Vorschriften der Kaiserlichen Marine; insbesondere auf Raumbeständigkeit in der Hitze.

Heft 117: **Bucher**, Untersuchung über die Verbrennung methanhaltiger Gasgemische.
Camerer, Die Wasserdruckmomente der Drehschaufeln von Zentripetal-Francis-Turbinen.

Mitteilungen

über

Forschungsarbeiten

auf dem Gebiete des Ingenieurwesens

insbesondere aus den Laboratorien
der technischen Hochschulen

herausgegeben vom

Verein deutscher Ingenieure.

Heft 118.

Springer-Verlag Berlin Heidelberg GmbH 1912

ISBN 978-3-662-42284-7 ISBN 978-3-662-42553-4 (eBook)
DOI 10.1007/978-3-662-42553-4

Inhalt.

Inhalt

Ueber Druckwechsel und Stöße bei Maschinen mit Kurbeltrieb.

Von Dr.-Ing. **Ferdinand Döhne.**

Vorwort.

Die Anregung zu der vorliegenden Arbeit ging von Untersuchungen aus, die ich im Auftrage der Maschinenfabrik A. Borsig, Berlin-Tegel, an einer von ihr im Jahre 1905 an das Steinkohlenbergwerk Rheinpreußen in Homberg a/Rh. (Schacht I/II) gelieferten Gasmaschinenanlage von etwa 1500 PS_e Leistung durchgeführt habe. Diese Untersuchungen hatten eigenartige Erschütterungen zum Gegenstand, welche die zum Antrieb eines unmittelbar auf der Kurbelwelle sitzenden Drehstromgenerators dienende Oechelhäuser-Zwillingsgasmaschine hervorrief. Die Folgen dieser Erschütterungen waren Schwingungen des Fundamentes, die in der Längsachse ungefähr 1 mm und winkelrecht dazu, in der Achse der Kurbelwelle, etwa $^1/_4$ mm betrugen und der Umlaufzahl der Maschine (125 in 1 Minute) entsprachen. Sie zogen nicht nur die Umfassungsmauern des Maschinenhauses in Mitleidenschaft, welches ernstlich gefährdet wurde, sondern hatten im Umkreise von beinahe 1 km so kräftige wagerechte Schwingungen des Erdbodens zur Folge, daß die Einwohnerschaft des Ortes Homberg in sehr unangenehmer Weise belästigt wurde. Besonders in der Hauptfortpflanzungsrichtung, die mit der Resultierenden aus den beiden oben erwähnten winkelrecht zueinander stehenden Bewegungen des Fundamentklotzes zusammenfiel, waren die Erschütterungen so stark, daß in den oberen Stockwerken der Häuser ein Wackeln und Wandern sogar großer, lose stehender Gegenstände eintrat.

Anfänglich glaubte man, für diese Erscheinungen ausschließlich den unvollkommenen Ausgleich der geradlinig bewegten Maschinenmassen verantwortlich machen zu müssen. Denn es entstehen auch bei der Oechelhäuser-Gasmaschine, obwohl die Gegenläufigkeit der in e i n e m Zylinder arbeitenden Kolben und der zugehörigen Triebwerke theoretisch einen vollkommenen Massenausgleich erster Ordnung ermöglichen würde, infolge der verschieden großen Gewichte der Triebwerkteile des vorderen und hinteren Kolbens wohl zu beachtende Verschiebungskräfte gegen das Fundament, die jedenfalls beträchtlicher sind, als durch die Endlichkeit der Schubstangen an und für sich bedingt ist. Immerhin sind sie bedeutend kleiner als bei Großgasmaschinen anderer Bauart, z. B. bei doppeltwirkenden Zweizylinder-Tandem-Viertakt-Gasmaschinen, die an anderen Stellen ohne störende Fernwirkungen arbeiten, sodaß im vorliegenden Fall a u ß e r h a l b der Maschine befindliche Ursachen in Anspruch genommen werden mußten. Tatsächlich stellten denn auch Hr. Professor E. Josse, Charlottenburg, und der Kgl. Landesgeologe, Hr. Professor Dr. Krusch, Charlottenburg, nach eingehender Prüfung der Verhältnisse in einem gemeinschaftlich abgegebenen Gutachten fest, daß die Vorbedingung für die Entstehung und Fortpflanzung der Fundamentschwingungen nicht in der Bauart der Maschine, sondern in der außergewöhnlichen Beschaffenheit des Untergrundes, der diluviale und tertiäre Schwimmsandschichten von großer Mächtigkeit aufweist, zu suchen war, wobei noch hinzukam, daß das ganze Kohlengebiet unter der Ortschaft Homberg bis auf geringe Flächen abgebaut ist.

Der Vorgang dürfte nun folgendermaßen zu erklären sein: Veranlaßt durch die Massenwiderstände des nicht ausgeglichenen Teiles der hin- und hergehenden Gewichte der Zwillingsmaschine, deren beide Seiten mit um 180° gegeneinander versetzten Kurbeln arbeiteten, wirkten regelmäßige Stöße auf das Fundament ein, welches infolge des weichen und elastischen Untergrundes in Schwingungen von ungewöhnlicher Größe versetzt wurde. Daß die Massenwiderstände in der Richtung der Kolbenweglinien dabei ausschlaggebend waren, nicht aber die Kräftepaare des Nutzwiderstandes und des Massenwiderstandes der Schwunggewichte, die das ganze Maschinensystem rechts bezw. links herumzukippen suchen, ergab sich einmal aus dem Fehlen von senkrechten Schwingungen, dann aber aus der Anzahl der minutlichen Doppelschwingungen, die 125 betrug. Sie hätte sonst doppelt so groß sein müssen, wie ein Blick auf das kombinierte Drehkraftdiagramm (vergl. Tafel I und II) zeigt, welches den Verlauf der erwähnten Kippmomente, nur mit umgekehrtem Drehsinne, erkennen läßt.

Bei der Heftigkeit der Schwingungen lag ferner die Vermutung nahe, daß zwischen der Größe, Richtung, zeitlichen Aufeinanderfolge und Angriffstelle der Stöße einerseits und der Masse und Form des Fundamentes anderseits eine Beziehung herrschte, deren Wirkung man mit Resonanzerscheinungen zu bezeichnen pflegt.

Um diese zu vermeiden, konnte man nun die Größe oder die Zeitfolge der Stöße oder beide gleichzeitig ändern. Versuche ergaben zunächst, daß unter Beibehaltung der Umlaufzahl eine Aenderung der Kurbelversetzung zwischen den beiden Maschinenseiten von 180° auf etwa 90° die Fernwirkungen zum Verschwinden brachte. Ferner zeigte sich, daß unter Beibehaltung der Kurbelversetzung von 180° die Erschütterungen geringer wurden, wenn man die Umlaufzahl der Maschine verminderte. Bei 107 Uml./min waren nur noch ganz schwache Bewegungen des Erdbodens zu bemerken, bei etwa 94 blieben sie gänzlich aus.

Nach fast zweijährigem Betriebe wurde daher die Umlaufzahl — nach Umwicklung des Drehstromgenerators — von 125 auf 94 herabgesetzt, wobei man noch die günstige Nebenwirkung erzielte, daß das Einströmen von Gas und Luft in die Arbeitzylinder ruhiger und regelmäßiger vonstatten ging.

Ich habe diese Vorgänge etwas ausführlicher dargestellt, um es begreiflich erscheinen zu lassen, daß der fraglichen Maschine während einer langen Betriebsdauer mehr Aufmerksamkeit geschenkt wurde, als es im allgemeinen möglich zu sein pflegt. Diese erstreckte sich insbesondere auf alles, was den Gang der Maschine und ihre Massenkräfte bei den verschiedenen Belastungen irgendwie beeinflussen konnte.

Eine reiche Sammlung von Beobachtungen und Messungen kam infolgedessen zustande, die in der vorliegenden Arbeit zum Teil verwertet wurden. Diese beschäftigt sich nun nicht mit den freien Massenkräften, sondern mit den

Druckwechseln und Stößen im Triebwerk. Die hierbei auftretenden Kräfte werden im wesentlichen in der Maschine selbst aufgefangen, wodurch sie sich grundsätzlich von den freien Massenkräften unterscheiden; unter Umständen aber haben sie auch Erschütterungen des Fundamentes zur Folge, sodaß es bei der Gasmaschine der Zeche Rheinpreußen gerechtfertigt war, daß auch die Druckwechsel in den Triebwerkteilen in den Kreis der Beobachtungen gezogen wurden. Erst nach Auffindung der eigentlichen Ursachen der Fernwirkungen konnte man feststellen, daß die Druckwechsel nur in verschwindend geringem Maße auf die Fundamentbewegungen von Einfluß waren. Von um so größerer Bedeutung aber waren sie für die Ruhe des Ganges und die Betriebsicherheit der Maschine selbst, wie sich aus den späteren Erörterungen ergeben wird.

Ehe ich diese einleitenden Bemerkungen schließe, möchte ich der Firma A. Borsig für die bereitwilligst gegebene Erlaubnis zur Benutzung des vorhandenen Aktenmaterials und für Ueberlassung von zeichnerischen Unterlagen meinen besten Dank aussprechen, ebenso fühle ich mich Hrn. Geh. Regierungsrat Professor Riehn und Hrn. Professor Troske für die freundliche Unterstützung bei Ausarbeitung des theoretischen Teiles zu vielem Danke verpflichtet.

A) Allgemeines.

Stöße, Erschütterungen und Geräusche sind Begleiterscheinungen des Maschinenbetriebes, die nicht gänzlich zu beseitigen sind, deren Einwirkung und Größe aber auf ein gewisses Maß beschränkt werden müssen, wenn die Dauerhaftigkeit der Maschine, ihrer Fundamente und der Gebäude nicht beeinträchtigt und in dicht bewohnten Gegenden starke Belästigung der Nachbarschaft vermieden werden sollen. Die Aufgabe, welche hiermit dem Konstrukteur sowohl wie den Werkstätten gestellt wird, ist um so schwieriger, je größer die Maschinen sind und je höher die Beanspruchungen der Triebwerkteile gewählt werden. Besonders sind es die Stöße in den Lagern der Maschinen mit hin- und hergehenden Massen, welche Schwierigkeiten im Betriebe zu verursachen pflegen, u. a. bei den Maschinen mit Kurbeltrieb, wie sie z. B. als Dampf- oder Gasmaschinen für den Antrieb von Dynamomaschinen, Transmissionen, unmittelbar gekuppelten Pumpen, Kompressoren usw. zur Ausführung gelangen. Die Druckwechsel, welche in den Triebwerkteilen derartiger Maschinen auftreten, bedürfen der größten Aufmerksamkeit schon von seiten des Konstrukteurs, da auch die beste Werkstatt- und Montageausführung nutzlos wird oder doch einen Stoß nur auf kurze Zeit mildern kann, wenn der Schalenwechsel an den Zapfen unter zu ungünstigen Bedingungen erfolgt.

Die Antwort auf die Frage, in welcher Weise ein Druckwechsel im Gestänge zu untersuchen ist, und welcher Art dieser sein muß, um unzulässige Stoßwirkungen und Schädigungen der Maschine zu vermeiden, wird bei den verschiedenen Konstrukteuren sehr verschiedenartig lauten. Die Sätze, welche Radinger in seinem Werk »Ueber Dampfmaschinen mit hoher Kolbengeschwindigkeit« über den Druckwechsel im Gestänge einer Dampfmaschine aufgestellt hat, haben vor allem zur Verbreitung der Ansicht beigetragen, daß ein Druckwechsel unmittelbar vor den Kurbeltotlagen zu erstreben sei und ein »verspäteter«, d. h. ein Druckwechsel nach dem Totpunkte, unter allen Umständen von schädlichen Stößen begleitet sein müsse. Bereits Grashof[1]) hat aber gerade die beim Hubwechsel einer Dampfmaschine eintretenden Stöße als die heftigsten bezeichnet, und Stribeck[2]) hat im Jahre 1893 den rechnerischen Beweis dafür erbracht, daß Radingers Anschauungen in diesem Punkt irrtümlich sind und gerade das Zusammenfallen des Stoßbeginns mit einer Kurbeltotlage, also das Eintreten des Druckwechsels unmittelbar vor ihr, am bedenklichsten ist, und ein Druckwechsel im allgemeinen bei gewöhnlichen Betriebsdampfmaschinen leichter beherrscht werden kann, wenn er in größerer Entfernung von den Totlagen erfolgt. Tolle[3]) schließt sich dieser Auffassung an und stellt als Regel auf, daß der Richtungswechsel vor dem Totpunkte und in hinreichender Entfernung von diesem zu erfolgen habe, um die Stöße am Kreuzkopfbolzen und Kurbelzapfen möglichst sanft zu gestalten. Er fügt hinzu, daß dieses einen zeitigen Kompressionsbeginn bedinge, daß ferner aber auch ein infolge großer Massendrücke nach dem Totpunkte eintretender Richtungswechsel ohne schädliche Stöße möglich sei. Dies wird auch durch die Erfahrung an stehenden und liegenden Dampfmaschinen bestätigt, da z. B. ein bei geringen Belastungen der Maschine »verspätet« eintretender Druckwechsel im Niederdruckgestänge durchaus keine Störungen des sonst ruhigen Maschinenganges herbeizuführen braucht. Daß die Sätze von Stribeck im Vergleich zu den Theorien Radingers nicht genügend Gemeingut geworden sind und nicht dazu angeregt haben, Erfahrungswerte zu sammeln, dürfte in dem von Stribeck gewählten Verfahren bedingt sein, das nur mit Hülfe von mannigfachen Annäherungswerten zu benutzen ist und je nach der Lage des Druckwechsels in verschiedener Weise durchgeführt werden muß.

Ferner hat vor Stribeck schon Wehage[4]) ein allerdings etwas umständliches, rein zeichnerisches Verfahren zur Ermittelung der relativen Stoßgeschwindigkeit der Zapfen und Lager angegeben, welches allgemeine Bedeutung für die Untersuchung von Druckwechseln bei Maschinen mit Kurbeltrieb besitzt und weiter unten erörtert werden soll. Auch Wehage tritt schon klar und deutlich dafür ein, daß durch entsprechende Gestaltung der Kompressionsverhältnisse die Stoßpunkte möglichst entfernt von den Totlagen gewählt werden sollen.

Wenn nun trotz der Wichtigkeit dieser Fragen so wenig Betriebserfahrungen bekannt gegeben sind und die Meinungen über die Zulässigkeit oder Unzulässigkeit von Druckwechseln noch so weit auseinandergehen, so dürfte dies vor allem auf das Fehlen eines zweckmäßigen Maßstabes für die Stärke des auftretenden Stoßes zurückzuführen sein. Zwar haben sich sowohl Wehage wie Stribeck mit der Frage der Heftigkeit des Stoßes beschäftigt, auch stimmen die Ergebnisse im wesentlichen überein, sodaß sie für die Beurteilung z. B. der Steuerungsverhältnisse bei Dampfmaschinen sicherlich fruchtbringend gewesen sind, dennoch aber fehlt es an einem Vergleichsmaßstab, welcher an die in der Praxis gewonnenen Ergebnisse bei Maschinen von verschiedenartiger Bauart und Größe angelegt werden könnte.

Zweck der vorliegenden Arbeit ist es nun, nachzuweisen,

1) daß sich unter Anlehnung an das Verfahren von Wehage mit Hülfe eines in der Hauptsache zeichnerischen Verfahrens die Zeitdauer des Schalenwechsels und der Ort des Stoßbeginns sowie die relative Stoßgeschwindigkeit

---

[1]) Grashof, Theorie der Kraftmaschinen 1890 S. 603.
[2]) Zeitschrift des Vereines deutscher Ingenieure 1893 S. 10.
[3]) M. Tolle, Die Regelung der Kraftmaschinen, 2. Aufl. 1909 S. 204 ff.
[4]) Zeitschrift des Vereines deutscher Ingenieure 1884 S. 637.

von Zapfen und Lager bei Untersuchung eines Druckwechse's im Gestänge bei allen Maschinen mit Kurbeltrieb in einfacher und übersichtlicher Weise für jeden einzelnen Fall bestimmen lassen, und

2) dass unter gewissen vereinfachenden Annahmen ein auch für den Ingenieur brauchbarer Maßstab für die Heftigkeit des Stoßes bei einem Druckwechsel aufgestellt werden kann, an dem sich die Betriebserfahrungen an verschiedenartigen Maschinen vergleichen lassen.

Anhaltpunkte für die Zulässigkeit und Heftigkeit von Stößen infolge von Druckwechseln wurden an einer Großgasmaschine, Bauart Oechelhäuser, gewonnen, indem bei verschiedenen Belastungen und verschiedenem Spiel in den Kreuzkopf- und Kurbelzapfenlagern hinsichtlich der Wirkungen der Stöße vom Verfasser Versuche und Beobachtungen gemacht wurden, die im Anschluß an die durch die theoretischen Untersuchungen der Druckwechsel gewonnenen Ergebnisse besprochen werden sollen.

B) Theorie des Stoßes beim Druckwechsel.

Dauer des Schalenwechsels und Ort des Stoßbeginns bei unveränderlicher und bei veränderlicher Kurbelzapfengeschwindigkeit.

Betrachten wir allgemein einen in der Kurbelstellung A (s. Fig. 1) eintretenden Druckwechsel und die auf ihn folgenden Vorgänge bis zur abermaligen Berührung von Zapfen und Lager.

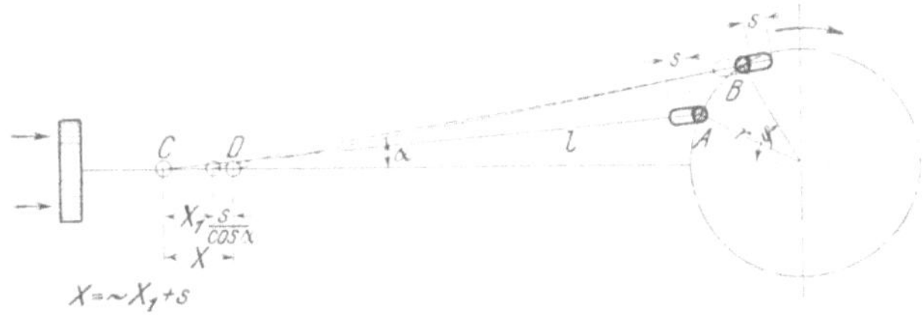

Fig. 1.

Der Kurbelzapfen möge bisher treibend auf das Gestänge eingewirkt haben, sodaß Zapfen und Stangenkopf in der bei A gezeichneten Lage sich befinden, d. h. der Spielraum s zwischen Lager und Zapfen auf der dem Kreuzkopf zugewandten Seite liegt. Im Augenblick des Druckwechsels beginnt eine gegenseitige Verschiebung in der Richtung der Schubstange. Bei B möge der Schalenwechsel vollzogen sein, sodaß nunmehr Arbeit an den Kurbelzapfen durch das Lager abgegeben werden kann. Das Lagerspiel ist jetzt auf der entgegengesetzten Seite vorhanden.

Der während des Schalenwechsels vom Kolben zurückgelegte wagerechte Weg ist

$$CD = X = X_1 + \frac{s}{\cos\alpha} = \infty\, X_1 + s \quad . \quad . \quad . \quad . \quad . \quad . \quad . \quad (1),$$

wo X_1 den (»theoretischen«) Kolbenweg bedeutet, der einer Bewegung des Kurbelzapfens von A nach B entsprechen würde, wenn ein Lagerspiel nicht bestände, und wo s mit hinreichender Genauigkeit (wenigstens für die üblichen Verhältnisse vom Kurbelhalbmesser zur Schubstangenlänge) die Summe der Lagerspielräume am Kreuzkopf- und Kurbelzapfen darstellt.

Für die während des Schalenwechsels stattfindende Bewegung des Kurbelzapfens gilt das Bewegungsgesetz, welches sich mit Hülfe des Tangentialdruckdiagrammes, d. h. der Drehkraft- und Widerstandslinie, und mit Berücksichtigung der Schwungmomente der umlaufenden Massen der Maschine ableiten läßt. Die hin- und hergehenden Massen aber stehen für die Dauer des Schalenwechsels unter dem freien Einflusse der auf sie einwirkenden Kolbenkräfte und erhalten für diese Zeit nur von diesen das Gesetz ihrer Bewegung.

Wir tragen nun auf einem Achsenkreuz, vom Augenblick des Druckwechsels A beginnend (s. Fig. 2), als Abszissen die Zeiten t und als Ordinaten die entsprechenden Geschwindigkeiten des Kolbens auf, und zwar

1) unter Zugrundelegung der Annahme, daß kein Lagerspiel vorhanden sei (»theoretische« Kolbengeschwindigkeit $= u_{th}$),
2) mit Berücksichtigung des Lagerspiels (wirkliche Kolbengeschwindigkeit $= u$).

Dann ist der »theoretische« Kolbenweg vom Augenblick des Druckwechsels ($t = 0$) bis zu irgend einem Zeitpunkt t_1

$$X_1 = \int_{t=0}^{t=t_1} u_{th}\, dt \quad . \; . \; . \; . \; . \; . \; . \; . \; . \; . \; . \quad (2)$$

und der wirkliche Kolbenweg für den gleichen Zeitraum

$$X = \int_{t=0}^{t=t_1} u\, dt \quad . \; . \; . \; . \; . \; . \; . \; . \; . \; . \; . \; . \quad (3).$$

Da der Beginn des Stoßes erfolgt, wenn $X = X_1 + s$ ist, so muß — am

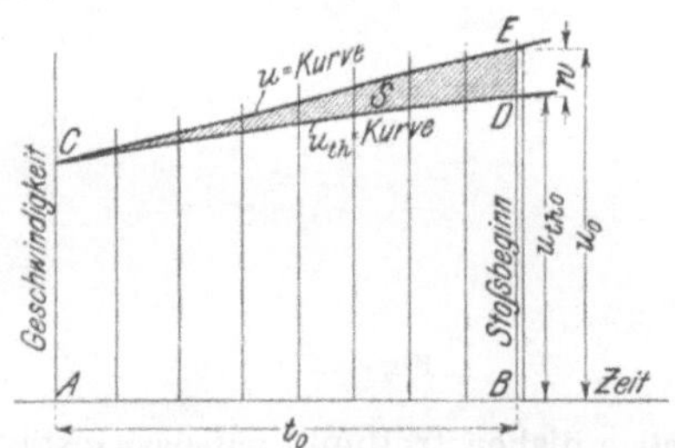

Fig. 2. Stoßdiagramm.

einfachsten mit Hülfe des Planimeters — der Punkt B aufgesucht werden, dessen Ordinate eine (in Fig. 2 schraffiert gezeichnete) Fläche

$$CDE = ABEC - ABDC = \int_{t=0}^{t=t_0} u\, dt - \int_{t=0}^{t=t_0} u_{th}\, dt = s \quad . \; . \; . \; . \quad (4)$$

begrenzt. $AB = t_0$ ist alsdann die Zeit, welche vom Augenblick des Druckwechsels, d. h. des Anfangs des Schalenwechsels, bis zum Stoßbeginn verfließt; sie legt auch den Ort des letzteren fest, d. h. die Kurbelstellung, in der Kurbelzapfen und Lager wieder zusammentreffen. Ein derartiges Diagramm möge daher im folgenden »Stoßdiagramm« genannt werden.

In dem bislang betrachteten Falle, Fig. 2, war angenommen, daß vor dem Druckwechsel der Zapfen treibend auf die Schubstange usw. einwirkte und daß nach dem Schalenwechsel Arbeit vom Kolben und Gestänge an die Kurbel abgegeben wurde. Erfolgt der Druckwechsel im umgekehrten Sinne, so wird u kleiner als u_{th}, und

$$s = \int\limits_{t=0}^{t=t_0} u\,dt - \int\limits_{t=0}^{t=t_0} u_{th}\,dt$$

wird dann negativ. t_0 wird auch für diesen Fall in der oben beschriebenen Weise gefunden.

Die Aufzeichnung der u_{th}-Kurve im Zeitgeschwindigkeitsdiagramm (Stoßdiagramm) bietet keine Schwierigkeiten, wenn die Kurbelzapfengeschwindigkeit v als unveränderlich angenommen wird, was bei Betriebsmaschinen mit kleinem Ungleichförmigkeitsgrad, besonders wenn sie für elektrischen Antrieb dienen, zulässig ist. Es lassen sich dann auf der Zeitachse in regelmäßigen Abständen die Kurbelwinkel auftragen, zu denen die entsprechenden Geschwindigkeiten u_{th} punktweise nach der Näherungsformel

$$u_{th} = v\left(\sin\varphi \pm {}^1/_2 \frac{r}{l} \sin 2\varphi\right) \quad . \; . \; . \; . \; . \; . \; . \; . \quad (5)$$

für Hin- bezw. Rückgang des Kolbens gefunden werden, wo φ den Kurbelwinkel, Fig. 1, und zwar für den Hingang vom inneren und für den Rückgang vom äußeren Totpunkt an gerechnet, und $\frac{r}{l}$ das Verhältnis des Kurbelhalbmessers zur Schubstangenlänge bedeuten.

Unter Umständen bedient man sich besser der folgenden strengeren Ableitung für u_{th}:

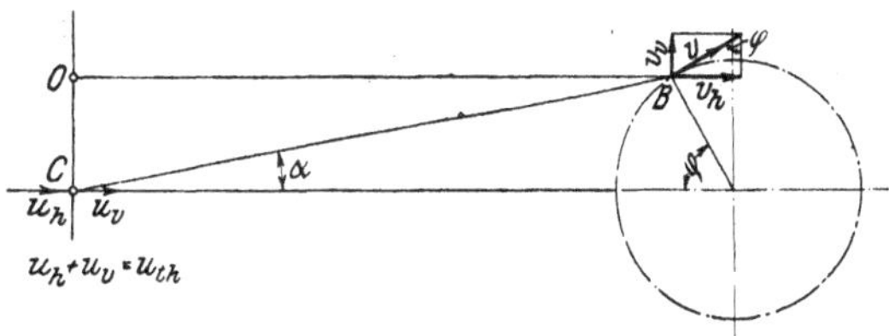

Fig. 3.

Zerlegt man die Kurbelzapfengeschwindigkeit v, Fig. 3, in die wagerechte und senkrechte Seitenkraft

$$v_h = v \sin\varphi \quad . \; . \; . \; . \; . \; . \; . \; . \; . \; . \; . \quad (6)$$

und

$$v_v = v \cos\varphi \quad . \; . \; . \; . \; . \; . \; . \; . \; . \; . \; . \quad (7),$$

so ist die durch die wagerechte Seitenkraft hervorgerufene Kolbengeschwindigkeit

$$u_h = v \sin\varphi \quad . \; . \; . \; . \; . \; . \; . \; . \; . \; . \; . \quad (8).$$

Durch die senkrechte Seitenkraft wird ein weiterer Beitrag u_v (positiv bezw. negativ für Hin- bezw. Rückgang) geleistet. Nun ist

$$\frac{u_v}{v_v} = \frac{OC}{OB} = \operatorname{tg}\alpha \quad . \; . \; . \; . \; . \; . \; . \; . \; . \; . \quad (9),$$

$$u_v = v_v \operatorname{tg}\alpha = v \cos\varphi \operatorname{tg}\alpha \quad . \; . \; . \; . \; . \; . \; . \; . \quad (10);$$

ferner ist

$$u_{th} = u_h \pm u_v \quad . \; . \; . \; . \; . \; . \; . \; . \; . \; . \quad (11),$$

also

$$u_{th} = v \sin\varphi \pm v \cos\varphi \operatorname{tg}\alpha \quad . \; . \; . \; . \; . \; . \; . \; . \quad (12).$$

Die u-Kurve ist abhängig von dem Einfluß der während des Schalenwechsels auf die hin- und hergehenden Massen M[1]) wirkenden Kolbenkräfte K (s. Fig. 4), deren Größe für die jeweiligen Kurbelwinkel aus den Diagrammen

[1]) Ueber den Anteil der Schubstange siehe S. 21, Fußnote 1.

zu entnehmen ist. Handelt es sich dabei um auf den Kolbenweg bezogene Diagramme, so ist die Entfernung der K-Ordinate vom Totpunkt bekanntlich

$$x = r(1 - \cos\varphi) \pm {}^1/_2\, l \left(\frac{r}{l}\sin\varphi\right)^2.$$

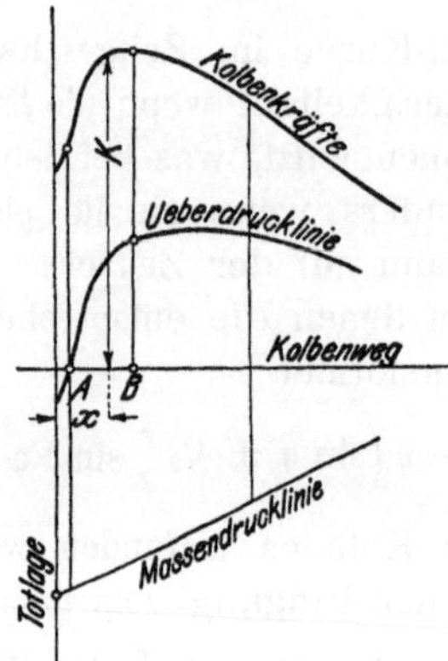

Fig. 4. (Schalenwechsel von A bis B.)

Aus der Beziehung

$$\frac{K}{M} = k \quad . \quad . \quad . \quad . \quad . \quad . \quad . \quad . \quad . \quad . \quad . \quad . \quad (13)$$

ergeben sich für die einzelnen Kurbelwinkel die zugehörigen Beschleunigungen k der hin- und hergehenden Massen M, sodaß die k-Kurve, gleichfalls auf die Zeit bezogen, punktweise gezeichnet werden kann, und, da

$$u = \int k\,dt + C \quad . \quad . \quad . \quad . \quad . \quad . \quad . \quad . \quad . \quad (14),$$

durch Integrieren auch die zugehörigen wagerechten Geschwindigkeiten.

Ist die Kraft K während des Schalenwechsels unveränderlich, so wird die u-Kurve eine gerade Linie sein. Meist aber ist K während des Schalenwechsels veränderlich, worin einer der Gründe zu erblicken ist, welche dafür sprechen, die Vorgänge beim Schalenwechsel nicht ausschließlich durch die Rechnung zu verfolgen.

Der verschwindend kleine Einfluß der Reibungskräfte braucht bei der Aufzeichnung der u-Kurve nicht berücksichtigt zu werden.

In Wirklichkeit ist es ausgeschlossen, daß die Kurbel mit völlig gleichbleibender Winkelgeschwindigkeit sich dreht. Dennoch ist es, wie bereits erwähnt, bei Maschinen mit kleinem Ungleichförmigkeitsgrad für die Untersuchung der Druckwechsel im Gestänge ausreichend, wenn v als unveränderlich eingesetzt wird[1]). Bei allen Maschinen jedoch, die einen großen Ungleichförmigkeitsgrad haben, ist es erforderlich, die Veränderlichkeit der Kurbelzapfengeschwindigkeit zu verfolgen, um sich ein Urteil darüber zu bilden, ob sie auf die Vorgänge beim Schalenwechsel von wesentlichem Einflusse sein kann. Letzteres ist z. B. der Fall, wenn in der Nähe des Druckwechsels oder während des Schalenwechsels plötzlich große Belastungsschwankungen eintreten, wie solche bei Walzenzugmaschinen, Pumpmaschinen usw. vorzukommen pflegen,

---

[1]) Hinsichtlich der Bestimmung des Ungleichförmigkeitsgrades vergl. R. Proell: Die genaue und die angenäherte Schwungradermittlung, Z. d. V. d. I. 1905 S. 1713 ff.; ferner M. Tolle: Die Regelung der Kraftmaschinen, 2. Aufl. 1909 u. a. S. 127.

und wenn das Schwungmoment der umlaufenden Massen verhältnismäßig gering ist.

Bei Berücksichtigung der Veränderlichkeit von v kann folgendes Verfahren eingeschlagen werden: Zunächst ist aus der Kurve der auf den Kurbelzapfenweg bezogenen Kurbelzapfengeschwindigkeit, die man nach dem von Wittenbauer angegebenen Verfahren in dynamischer Strenge ableiten kann[1]), die Beziehung $v = f(h)$ (s. Fig 5) für denjenigen Teil dieser Kurve abzuleiten,

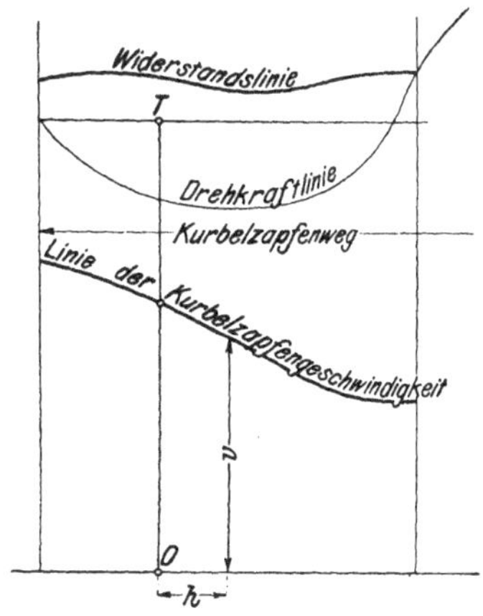

Fig. 5.

welcher für die Untersuchung des Schalenwechsels in Frage kommt. Findet z. B. bei T (Kurbelzapfenweg $h = 0$) ein Druckwechsel im Gestänge statt, so ist der unmittelbar darauffolgende Teil der Kurve zu bestimmen. Nun ist

$$\frac{dh}{dt} = v \quad . \quad . \quad . \quad . \quad . \quad . \quad . \quad . \quad . \quad . \quad . \quad . \quad (15),$$

$$dt = \frac{dh}{v} = \frac{dh}{f(h)} \quad . \quad . \quad . \quad . \quad . \quad . \quad . \quad . \quad . \quad . \quad (16),$$

also

$$t = \int\limits_{t=0;\, h=0}^{t=t;\, h=h} \frac{dh}{f(h)} \quad . \quad . \quad . \quad . \quad . \quad . \quad . \quad . \quad . \quad . \quad . \quad (17).$$

In den meisten Fällen wird es, wenn auch nur näherungsweise, möglich sein, $v = f(h)$ als das Gesetz einer geraden Linie erscheinen zu lassen, worauf sich der Auflösung des Integrals keine Schwierigkeiten entgegenstellen.

Mithin läßt sich in dem Zeitgeschwindigkeitsdiagramm (Stoßdiagramm) bei Aufzeichnung der u_{th}-Kurve für jeden Zeitpunkt das zugehörige h, also auch der zugehörige Kurbelwinkel und das betreffende v bestimmen, welches dann in der Formel (5)

$$u_{th} = v \left(\sin \varphi \pm {}^1/_2 \frac{r}{l} \sin 2\varphi \right)$$

bezw. in der Formel (12)

$$u_{th} = v \sin \varphi \pm v \cos \varphi \operatorname{tg} \alpha$$

zu Grunde zu legen ist.

Für die Aufzeichnung der u-Kurve wird für die zu einem Zeitpunkt gehörige Kurbelstellung das entsprechende K aus den Diagrammen entnommen und, wie oben erörtert, k und u abgeleitet.

---

[1]) Z. d. V. d. I. 1905 S. 471.

Nachdem die u_{0k}- und u-Kurve punktweise aufgetragen sind, ergibt sich der Augenblick des Stoßbeginns in der oben beschriebenen Weise. Da die Beziehung zwischen Zeit und Kurbelzapfenweg bekannt ist, so ist damit auch der Ort des Stoßes festgelegt.

Relative Stoßgeschwindigkeit.

$DE = u_0 - u_{0k} = w$ (s. Fig. 2) stellt für die üblichen Werte von $\frac{r}{l}$ die relative Stoßgeschwindigkeit von Kurbelzapfen und Lager mit hinreichender Genauigkeit bei Stößen in jeglicher Kurbelstellung dar. Denn (s. Fig. 6), wenn

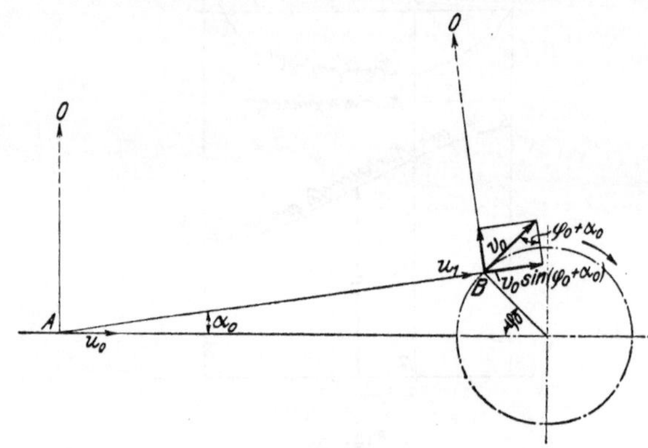

Fig. 6.

u_0 die Kolbengeschwindigkeit im Augenblick des Stoßbeginns bezeichnet, so ist

$$\frac{u_1}{u_0} = \frac{OB}{OA} = \cos \alpha_0 \quad \ldots \ldots \ldots \quad (18)$$

und

$$u_1 = u_0 \cos \alpha_0 \quad \ldots \ldots \ldots \quad (19),$$

wo u_1 die Geschwindigkeit der Schubstange bezw. des Kurbelzapfenlagers in der Stangenrichtung, d. h. in der Stoßrichtung, im Augenblick des Zusammentreffens mit dem Zapfen bedeutet, der in gleicher Richtung die Geschwindigkeit

$$v_0 \sin(\varphi_0 \pm \alpha_0)$$

für Hin- bezw. Rückgang besitzt. (Ein Lagerspiel ist nur in der Stangenrichtung vorausgesetzt.)

Mithin ergibt sich für die relative Stoßgeschwindigkeit

$$w_k = u_0 \cos \alpha_0 - v_0 \sin(\varphi_0 \pm \alpha_0) \quad \ldots \ldots \quad (20).$$

Dabei sind die senkrecht zur Stangenrichtung auftretenden Beschleunigungsdrücke nicht berücksichtigt worden, weil im folgenden nur Maschinen mit kleinen bis mittleren Geschwindigkeiten ins Auge gefaßt sind. Bei hohen Umlaufzahlen (bei kleinen Maschinen über etwa 200, bei großen über etwa 150 Uml./min) [1]), wird durch diese Seitenkräfte bewirkt, daß der Druck zwischen Zapfen und Stangenkopf allmählich aus einer Richtung in die entgegengesetzte übergeht und so ein eigentlicher Stoß nicht mehr stattfindet. Dieser ausgleichende Einfluß ist um so stärker, je weiter der Ort des Stoßes von den toten Punkten im Kurbelkreise entfernt ist. Auch hier spricht also ein weiterer Umstand für die Gefährlichkeit der Druckwechsel in unmittelbarer Nähe der Totpunkte.

---

[1]) Vergl. Z. d. V. d. I. 1884 S. 665.

In dem Stoßdiagramm, Fig. 2, ist

$$DE = w = u_0 - u_{th0} \quad \ldots \ldots \ldots \quad (21)$$

Setzen wir nun nach Gl. (12)

$$u_{th0} = v_0 \sin \varphi_0 \pm v_0 \cos \varphi_0 \operatorname{tg} \alpha_0$$

ein, so ergibt sich

$$w = u_0 - (v_0 \sin \varphi_0 \pm v_0 \cos \varphi_0 \operatorname{tg} \alpha_0) = u_0 - v_0 \sin \varphi_0 \mp v_0 \cos \varphi_0 \operatorname{tg} \alpha_0 \quad (22).$$

Es ist aber

$$w_k = u_0 \cos \alpha_0 - v_0 \sin \varphi_0 \cos \alpha_0 \mp v_0 \cos \varphi_0 \sin \alpha_0 \quad \ldots \quad (23),$$

also

$$w_k = w \cos \alpha_0 \ldots \ldots \ldots \ldots \quad (24).$$

Da nun $\left(\text{z. B. für } \frac{r}{l} = {}^1/_5\right)$ $1 > \cos \alpha_0 > 0{,}98$ ist, so kann für Stöße in allen Kurbelstellungen genügend genau $w_k = w$ gesetzt werden[1]).

Erfolgt der Druckwechsel nicht im Sinne der Fig. 2, sondern umgekehrt (vergl. S. 6 und 7), so wird $w = u_0 - u_{th0}$ negativ. Die Gültigkeit der bisherigen und späteren Ausführungen bleibt auch für diesen Fall bestehen.

Art des Stoßes und Einführung der »ideellen« Stoßdrücke und Stoßspannungen.

Während sich so der Ort des Stoßbeginns und die relative Stoßgeschwindigkeit mit genügender Genauigkeit bestimmen lassen, werden die Vorgänge während des Stoßes selbst durch mancherlei Umstände verdunkelt. Einmal ändert sich die Richtung der Stoßgeschwindigkeit, sodann sind auch während des Stoßes äußere Kräfte tätig. Die positive oder negative Arbeit dieser Kräfte dient zur Beschleunigung oder Verzögerung der hin- und hergehenden Massen, entspricht aber nicht der Geschwindigkeitsänderung des Kurbelzapfens in wagerechter Richtung, wodurch eine Steigerung der Heftigkeit des Stoßes hervorgebracht wird. Auch dürfte es bei einer genauen Prüfung der in Frage stehenden Vorgänge nicht außer acht gelassen werden, daß in Wirklichkeit ein Doppelstoß vorhanden ist, der zeitlich getrennt im Kreuzkopf- und Kurbelzapfenlager stattfindet. Ferner treten am Kurbelzapfen infolge der Normalbeschleunigungskräfte der Schubstange Lagerdrücke auf, von deren Berücksichtigung hier

---

[1]) Es sei darauf hingewiesen, daß im allgemeinen bei der Bestimmung von $w = u_0 - u_{th0}$ die Näherungsformel (5)

$$u_{th} = v\left(\sin \varphi \pm {}^1/_2 \frac{r}{l} \sin 2\varphi\right)$$

hinreichend genaue Werte bei den hier in Frage kommenden Größen von w liefert und es sich nur bei sehr kleinen Werten von w für gewisse Kurbelstellungen empfiehlt, auf die strengere Formel (12) zurückzugreifen. Bei Gebrauch der Näherungsformel wird

$$w = u - v \sin \varphi \mp {}^1/_2 \frac{r}{l} v \sin 2\varphi$$

$$= u - v \sin \varphi \mp v \left(\frac{r}{l} \sin \varphi\right) \cos \varphi$$

$$= u - v \sin \varphi \mp v \cos \varphi \sin \alpha,$$

während die aus Formel (12) abgeleitete Gl. (22) lautete:

$$w = u - v \sin \varphi \mp v \cos \varphi \operatorname{tg} \alpha.$$

Hiernach läßt sich gegebenenfalls prüfen, ob die strengere Formel (12) Anwendung finden muß. Für die weiter unten durchgeführten Untersuchungen der Druckwechsel ist mit der Näherungsformel als hinreichend genau gerechnet worden.

jedoch Abstand genommen ist (s. S. 10), schließlich aber — und das ist das Schwerwiegendste — setzen sich die zusammenstoßenden Massen M und M_1 aus einer Reihe von gänzlich verschiedenartig gestalteten und gelagerten Einzelteilen zusammen, welche ein von einander abweichendes Verhalten bei den elastischen Veränderungen zeigen, die während eines Stoßes in verschiedenen Kurbelstellungen hervorgerufen werden.

Man muß sich nunmehr über den Maßstab für die »Heftigkeit« oder »Härte« eines Stoßes eine bestimmte Vorstellung machen[1]).

Der Ueberschuß über diejenige Arbeit der Kolbenkräfte, die gerade ausreichen würde, die hin- und hergehenden Massen so zu beschleunigen oder zu verzögern, wie es der ordnungsmäßigen Kolbenbewegung entspricht, und zwar vom Druckwechsel bis zum Stoßbeginn gerechnet, sei gesamte oder »absolute« Stoßarbeit genannt. Ihre Größe ist mit den oben gewählten Bezeichnungen $\frac{M}{2}(u^2 - u_{th}^2)$.

Ein Teil dieser Stoßarbeit entfällt auf bleibende und elastische Formänderungen, die sich unter Erzeugung von Wärme und Schall ausbilden, ein anderer vermehrt oder vermindert das Arbeitsvermögen der mit der Kurbelwelle umlaufenden Gewichte. Für die hier in Frage kommenden Zwecke ist die Formänderungsarbeit von besonderer Wichtigkeit, wobei es dahingestellt bleiben möge, welcher Teil bleibende Aenderungen hervorruft — hierunter fällt auch die beim Hinauspressen des zwischen Zapfen und Lager befindlichen Oels geleistete Arbeit — und wieviel Arbeitsvermögen auf die elastischen Aenderungen verwendet wird. Es soll vielmehr, ohne auf die Rückbildung der Formänderungen zu achten, nur der »erste Teil« des Stoßes betrachtet werden. Dieser umfaßt die Vorgänge bis zum Eintritt der gemeinschaftlichen Geschwindigkeit der beiden stoßenden Körper, welcher mit der stärksten Formänderung zeitlich zusammenfällt. Für diesen Teil des Stoßes ist nur die negative Arbeit der inneren Spannkräfte bei der Zusammendrückung maßgebend, und die Größe dieser Arbeit ist von der Beschaffenheit (Elastizität) der Körper unabhängig, sodaß es also zum gleichen Ergebnis führt, ob man nun unelastischen, vollkommen oder unvollkommen elastischen Stoß annimmt.

Bekanntlich ist nun der Gesamtverlust an äußerem Arbeitsvermögen beim Stoß zweier Körper allgemein

$$\mathfrak{A} = \frac{M M_1}{M + M_1} \frac{(u - u_{th})^2}{2} (1 - k^2),$$

worin M und M_1 die beiden zusammenstoßenden Massen, u und u_{th} ihre Geschwindigkeiten im Augenblicke des Zusammentreffens und k die »Stoßziffer«, d. i. $\frac{\text{Geschwindigkeitsunterschied nach dem Stoß}}{\text{Geschwindigkeitsunterschied vor dem Stoß}}$ bedeuten. Legt man einen vollkommen unelastischen Stoß ($k = 0$) zu Grunde, so vereinfacht sich obige Gleichung zu

$$\mathfrak{A}_1 = \frac{M}{2} (u - u_{th})^2 \frac{1}{1 + \frac{M}{M_1}},$$

oder, da $u - u_{th} = w$,

$$\mathfrak{A}_1 = \frac{M w^2}{2} \frac{1}{1 + \frac{M}{M_1}}.$$

---

[1]) Vergl. Z. d. V. d. I. 1893 S. 10 ff.

Beim vollkommen unelastischen Stoß ist nun der Verlust an äußerem Arbeitsvermögen gleichbedeutend mit der Arbeit, welche auf bleibende Formänderungen ausgeht ($\mathfrak{A} = \mathfrak{A}_1$). Beim unvollkommen elastischen Stoß aber, wie er der Wirklichkeit entspricht, bedeutet $\mathfrak{A}$ unter Einsetzung der betreffenden Stoßziffer k den — hier nicht zu untersuchenden — Gesamtarbeitsverlust und $\mathfrak{A}_1 = \frac{Mw^2}{2} \cdot \frac{1}{1 + \frac{M}{M_1}}$ die auf (bleibende und elastische) Formänderung ausgehende Energie.

In diesem Ausdruck gibt nun der Faktor $\frac{1}{1 + \frac{M}{M_1}}$ Aufschluß darüber, wie die Formänderungsarbeit durch die Größe der Masse M_1 beeinflußt wird. Fassen wir zunächst den Fall ins Auge, daß sich die Kurbel beim Eintritt des Stoßes in einer Totlage oder in unmittelbarer Nähe einer solchen befindet, so ist die Masse M_1 (Kurbel, Welle, Schwungrad usw.) offenbar $= \infty$ zu setzen, da eine wagerechte Verschiebung von Welle, Schwungrad usw. in den Wellenlagern oder mit ihnen bei gut ausgeführten Maschinenanlagen ausgeschlossen ist. Der Wert $\frac{1}{1 + \frac{M}{M_1}}$ wird dann also ohne weiteres $= 1$.

Kommt jedoch ein Druckwechsel in den weiter von den Totpunkten entfernt liegenden Kurbelstellungen in Frage, so wird infolge des Stoßes eine Beschleunigung bezw. Verzögerung der mit der Kurbelwelle umlaufenden Massen eintreten. Bei Maschinen mit besonders großem Ungleichförmigkeitsgrad ist diesem Umstande durch Berücksichtigung des tatsächlichen Wertes von $\frac{M}{M_1}$ bei Bestimmung der Formänderungsarbeit Rechnung zu tragen. Für die vorliegenden Untersuchungen aber mögen nur Maschinen mit kleinem Ungleichförmigkeitsgrade betrachtet werden. Bei diesen aber wird man finden, daß selbst für diejenigen Kurbelstellungen, bei denen die Stoßlinie tangential zum Kurbelkreise verläuft, $\frac{M}{M_1}$, d. i. das Verhältnis der hin- und hergehenden Massen zu den auf den Kurbelhalbmesser bezogenen (reduzierten) Massen der umlaufenden Teile, so klein ist, daß $\frac{1}{1 + \frac{M}{M_1}}$ mit genügend großer Annäherung $= 1$ gesetzt werden kann[1]). Mithin läßt sich für Stöße in jeglichen Kurbelstellun-

---

[1]) Z. B. ist für die unten (S. 20 ff.) näher beschriebene Oechelhäuser-Gasmaschine von etwa 1500 PS$_e$ Höchstleistung das Gewicht der hin- und hergehenden Teile des hinteren Triebwerkes $= 7190$ kg, also

$$M = \frac{7190}{9{,}81} = \infty\, 730 \text{ kg msk}^2.$$

Für M_1 soll, da ein in der Kurbelmittelstellung stattfindender zentraler Stoß mit tangential zum Kurbelkreise verlaufender Stoßlinie vorausgesetzt wird (s. Fig.), die auf den Stoßpunkt (Kurbelhalbmesser) bezogene Masse der mit der Kurbelwelle umlaufenden Teile eingeführt werden.

M_1 berechnet sich dann unter alleiniger Berücksichtigung des GD^2 der Maschine in folgender Weise:

$$M_1 g = G_1 = G\left(\frac{R}{r}\right)^2,$$

worin $R = \frac{D}{2}$ ist. Nun ist

gen die auf Formänderung ausgehende Arbeit durch $\frac{Mw^2}{2}$ ausdrücken [1]).

Diese Größe sei im Gegensatz zur »absoluten« Stoßarbeit $\frac{M}{2}(u^2 - u_{th}^2)$ auch »relative« Stoßarbeit genannt, um so der Anschauung Raum zu geben, als ob eine Masse M auf eine ruhende, unendlich große Masse mit der Geschwindigkeit w auftreffe und im Augenblicke des Zusammenstoßes das Arbeitsvermögen $\frac{Mw^2}{2}$ besitze.

Beim Stoß in den Totlagen wird die relative gleich der absoluten Stoßarbeit, denn in $\frac{M}{2}(u^2 - u_{th}^2)$ wird dann $u_{th} = 0$ und $u = w$. Dagegen tritt in den weiter von den Totpunkten entfernt liegenden Kurbelstellungen der Betrag der relativen Stoßarbeit gegenüber der absoluten um so mehr zurück, in je größerer Entfernung von den Totlagen der Druckwechsel stattfindet.

Es läge nun nahe, die Größe $\frac{Mw^2}{2}$ als Maßstab für die Heftigkeit eines Stoßes einzuführen.

Aber schon Stribeck [2]) hat hervorgehoben, daß nicht die relative Stoßarbeit, sondern der **Stoßdruck** für die Beanspruchungen der zusammentreffenden Körper maßgebend ist und damit die Heftigkeit eines Stoßes bestimmt.

Wir bezeichnen nun die größte Formänderung in Richtung der Stoßkraft mit δ und machen die Annahme, daß Formänderung und Stoßkraft proportional sind, und zwar sei $\frac{\text{Formänderung}}{\text{Stoßkraft}} = c_0$. Dann ist, bei gleichmäßig von 0 bis P_0 anwachsender Stoßkraft, da $\delta = c_0 P_0$ ist,

$$\frac{Mw^2}{2} = \frac{P_0}{2}\delta = \frac{P_0}{2} c_0 P_0 = c_0 \frac{P_0^2}{2} \quad . \quad . \quad . \quad . \quad . \quad . \quad . \quad (25),$$

mithin ist die Stoßkraft

$$P_0 = c_1 w \sqrt{M} \quad . \quad . \quad . \quad . \quad . \quad . \quad . \quad (26),$$

wo $c_1 = \frac{1}{\sqrt{c_0}}$ ist und von den oben erwähnten Einflüssen der Dehnbarkeit, Ge-

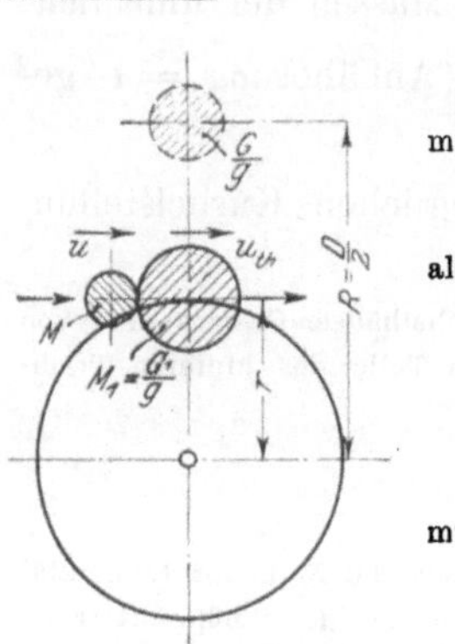

$$G_1 = \frac{GD^2}{4r^2} = \frac{1\,500\,000}{4 \cdot 0{,}475^2} = \infty\ 1\,660\,000 \text{ kg},$$

mithin

$$M_1 = \frac{G_1}{g} = \infty \frac{1\,660\,000}{9{,}81} = \infty\ 170\,000 \text{ kg/msk}^2,$$

also wird

$$\frac{1}{1 + \frac{M}{M_1}} = \infty \frac{1}{1 + \frac{730}{170\,000}} = \infty \frac{1}{1{,}004}.$$

Für das vordere Triebwerk ist $M = \frac{3700}{9{,}81} = \infty\ 380$ kg/msk^2,

mithin

$$\frac{1}{1 + \frac{M}{M_1}} = \infty \frac{1}{1 + \frac{380}{170\,000}} = \infty \frac{1}{1{,}002}.$$

In beiden Fällen kann also der Wert $\frac{1}{1 + \frac{M}{M_1}}$ hinreichend genau $= 1$ gesetzt werden.

[1]) Vergl. Wehage, Z. d. V. d. I. 1884 S. 663; Grashof Theorie der Kraftmaschinen 1890 S. 603.

[2]) Z. d. V. d. I. 1893 S. 12.

stalt und Abmessung der stoßenden Teile und ihrer gegenseitigen Lage im Augenblick des Zusammentreffens bestimmt wird.

Streng genommen, muß nun c_1 als veränderlicher Faktor angesehen werwerden, sobald es sich um den Vergleich von Stoßdrücken handelt, die bei Stößen in verschiedenen Kurbelstellungen berechnet werden. Denn alsdann kommt der bereits erwähnte Unterschied in der Dehnbarkeit der stoßenden Körper und der mit ihnen zusammenhängenden zur Geltung, welcher eine Folge ihrer verschiedenartigen gegenseitigen Lage ist. Wenn trotzdem bei den weiter unten durchgeführten Vergleichen der Stoßdrücke die Veränderlichkeit von c_1 unberücksichtigt geblieben ist, so findet dieses seine Begründung in der wohl statthaften Annahme, daß die Dehnbarkeit der zusammenstoßenden Teile in den verschiedenen Kurbelstellungen nicht wesentlich voneinander abweicht. Denn die Bedingungen für die elastischen Veränderungen von Kolben, Kolbenstange, Kreuzkopf, Schubstange und Kurbelzapfen bleiben in allen Lagen der Kurbel fast dieselben. Gegenüber der Formänderung dieser Teile aber muß der Einfluß der verhältnismäßig geringfügigen Verbiegung des Kurbelarmes und etwaiger Verdrehungen der Welle, welcher in den Mittelstellungen der Kurbel am größten ist, zurücktreten.

Jedenfalls ist das Gesetz der Veränderlichkeit von c_1 wegen des Fehlens von Erfahrungswerten unbekannt. Man ist daher gezwungen, eine bestimmte Annahme zu machen, so lange nicht dieses Gebiet durch Versuche weiter aufgeklärt ist. In Uebereinstimmung mit den Schriftstellern, die bisher über diesen Gegenstand geschrieben haben, möge daher für den Vergleich der Stoßdrücke untereinander c_1 für Stöße in jeglicher Kurbelstellung für ein gegebenes Triebwerk als unveränderlich betrachtet werden. Man muß dabei nur im Auge behalten, daß sich bei dieser Annahme für ein bestimmtes w (bei demselben Triebwerk) stets die gleichen Stoßdrücke berechnen, während sie tatsächlich etwas verschieden sind, je nachdem der Druckwechsel in den Totlagen oder in mehr oder weniger großem Abstand von ihnen stattfindet.

Die Stöße in den Totpunkten und in ihrer unmittelbaren Nähe werden nämlich in Wirklichkeit heftiger sein, als es der rechnerische Vergleich mit Stößen in weiter entfernt von den Totpunkten befindlichen Kurbelstellungen erscheinen läßt, und umgekehrt.

Unter Zugrundelegung eines unveränderlichen c_1 ergibt sich nun aus der Gl. (26), daß die Stoßkraft unmittelbar proportional der relativen Stoßgeschwindigkeit ist. Diese eignet sich daher bei ein und demselben Gestänge für einen Vergleichsmaßstab der Stoßheftigkeit bei Druckwechseln in jeglicher Kurbelstellung.

Stellt man nun aber allgemein die Frage nach der »Zulässigkeit« oder »Unzulässigkeit« eines Stoßes, so ist die »zulässige Stoßkraft« — von der Dehnbarkeit des Begriffes der Zulässigkeit ganz abgesehen — kein absoluter Wert, sondern von der Größe und Bauart einer Maschine abhängig.

Um einen für den Ingenieur brauchbaren Maßstab zu finden, vergegenwärtige man sich, daß bei verschieden großen Maschinen derselben Bauart die wesentlichen vom Stoß betroffenen Konstruktionsteile in einem bestimmten Verhältnis zu einander stehen. Es liegt daher nahe, die Einwirkung der Stoßkraft ausschließlich auf den Kurbelzapfen der Maschine zu Grunde zu legen, da dieser ein sowohl die Größenverhältnisse eines Kurbeltriebes wie die Bauart der Maschine kennzeichnender Maschinenteil ist, dessen elastisches Verhalten einer gewissen Stoßenergie gegenüber einen Rückschluß auf die Formänderung der übrigen Triebwerkteile zuläßt. Die infolge der Stoßwirkungen am Kurbelzapfen entstehenden und unter gewissen vereinfachenden Annahmen berechneten Beanspruchungen sollen mithin zum Prüfstein für die Härte und Zulässigkeit eines Stoßes gemacht und als Vergleichsmaßstab benutzt werden.

Diese Annahmen seien folgende:

Es wird davon abgesehen, die elastischen Veränderungen in den einzelnen Teilen der Masse M (Kolben, Kolbenstange, Kreuzkopf, Schubstange) zu verfolgen [1]). Vielmehr wird M als unelastische, am Kurbelzapfen vereinigt gedachte Masse in die Betrachtung eingeführt. Ferner wird $M_1 = \infty$ eingesetzt, wobei auf die obigen Erörterungen hingewiesen sei.

Die vorliegende Aufgabe wird jetzt dahin vereinfacht, daß eine unelastische Masse M mit der Geschwindigkeit w auf einen in einer feststehenden, unelastischen Kurbel eingespannten elastischen Kurbelzapfen Z (z. B. Fig. 7 bei

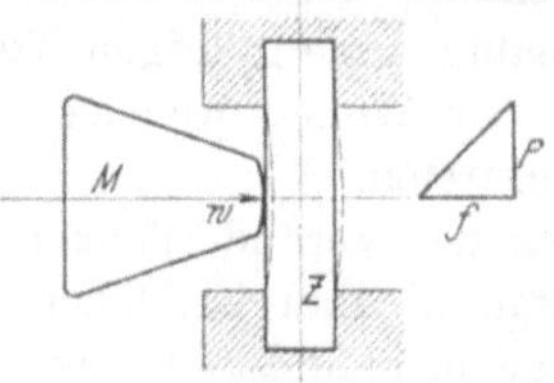

Fig. 7.

gekröpfter Welle) in dessen Mitte auftrifft und die Energie $\frac{Mw^2}{2}$ durch die inneren, allmählich und gleichmäßig anwachsenden Kräfte dieses Zapfens aufgenommen wird, wobei von der Berücksichtigung seiner Masse als unwesentlich Abstand genommen wird.

Dabei sollen nur die Vorgänge bis zum Augenblick des Eintretens der größten Biegungsspannungen im Zapfen verfolgt werden.

Da hierbei die elastischen Veränderungen von Gestänge, Kurbel und Welle unberücksichtigt gelassen werden und nur die Verbiegung des Kurbelzapfens in Betracht gezogen wird, so ergeben sich natürlich zu ungünstige Werte. Diese berechneten Biegungsspannungen sind daher ebenso wie die aus ihnen abgeleiteten Stoßdrücke und spezifischen Flächenpressungen am Kurbelzapfenlager »ideelle« Größen, deren Bedeutung darin besteht, daß sie als Vergleichsmaßstab benutzt werden können.

Die Untersuchung möge sich zunächst auf eine Maschine mit gekröpfter Kurbelwelle erstrecken (s. Fig. 7). Die Belastung sei in der Mitte als Einzellast gedacht.

Es sei für den Zapfen Z

P die größte Belastung in kg (größter Stoßdruck),
f die größte Durchbiegung in cm,
l die freie Länge in cm,
d der Durchmesser in cm,

[1]) Die Formänderungsarbeiten der Schubstange und Kolbenstange müßten nach den Gesetzen über die Fortpflanzungsgeschwindigkeit und Größe des Stoßdruckes in zylindrischen Stangen untersucht werden. (Siehe Beitrag zur Theorie des elastischen Stoßes von A. Ritter, Z. d. V. d. I. 1891 S. 1383 ff.)

r der Halbmesser in cm,
E der Elastizitätsmodul in kg/qcm,
J das äquatoriale Trägheitsmoment in cm^4,
W das Widerstandsmoment in cm^3,
L die Formänderungsarbeit in cmkg (sogen. »relative Stoßarbeit«),
σ die größte Biegungsspannung in kg/qcm,
V das Volumen ($r^2 \pi l$) in ccm,
p der größte spezifische Flächendruck in kg/qcm,
M_B das größte Biegungsmoment in cmkg,
w die relative Stoßgeschwindigkeit in cm/sk, und
M die Masse der hin- und hergehenden Teile in $kg/cmsk^2$.

Dann ist

$$L = P \frac{f}{2} \quad \ldots \ldots \ldots \ldots \quad (27);$$

nun ist

$$f = \frac{P l^3}{192 \, E J} \quad \ldots \ldots \ldots \ldots \quad (28),$$

folglich

$$L = \frac{P^2 l^3}{384 \, E J} \quad \ldots \ldots \ldots \ldots \quad (29);$$

es ist aber

$$M_B = \frac{P l}{8} = \sigma W = \sigma \frac{r^3 \pi}{4} \quad \ldots \ldots \ldots \quad (30),$$

und

$$P^2 l^2 = 4 \, \sigma^2 r^6 \pi^2 \quad \ldots \ldots \ldots \ldots \quad (31),$$

dieses eingesetzt, ergibt

$$L = {}^1\!/_{24} \frac{\sigma^2}{E} r^2 \pi l = \frac{V \sigma^2}{24 \, E} \quad \ldots \ldots \ldots \quad (32);$$

mithin

$$\frac{M w^2}{2} = \frac{V \sigma^2}{24 \, E} \quad \ldots \ldots \ldots \ldots \quad (33),$$

und

$$\sigma = w \sqrt{\frac{12 \, E M}{V}} = 3{,}4641 \, w \sqrt{E} \sqrt{\frac{M}{V}} \quad \ldots \ldots \quad (34).$$

Denkt man sich die Belastung über die Länge l des Zapfens gleichmäßig verteilt, so ändert sich nur die vor w stehende Konstante.

Auch für die Stirnkurbelanordnung ergeben sich ähnliche Beziehungen, so daß Gl. (34) allgemein so ausgedrückt werden kann:

Die größte Biegungsspannung am Kurbelzapfen ist proportional der relativen Stoßgeschwindigkeit w von Kurbelzapfen und Lager; ferner proportional der Quadratwurzel aus dem Quotienten der Masse der hin- und hergehenden Teile und des Zapfenvolumens. Durch den letzteren Faktor $\sqrt{\frac{M}{V}}$ wird den verschiedenen Größen und Bauarten der Maschinen Rechnung getragen.

Der größte Stoßdruck berechnet sich aus der Beziehung

$$M_B = C P l = \sigma W \text{ zu}$$

$$P = \frac{\sigma W}{C l} \quad \ldots \ldots \ldots \ldots \quad (35),$$

wo C eine nach der Art der Belastung und der Einspannung (Stirnkurbel bezw. gekröpfte Kurbelwelle) sich richtende Konstante ist. Bei einem gegebenen Gestänge ist also P proportional σ, sonach proportional w, wie dieses der Formel (26) entspricht.

Der größte spezifische Lagerdruck am Kurbelzapfen ist

$$p = \frac{P}{dl} \quad . \quad . \quad . \quad . \quad . \quad . \quad . \quad . \quad . \quad . \quad . \quad . \quad . \quad (36).$$

Für die Beurteilung der Heftigkeit und Zulässigkeit eines durch einen Druckwechsel hervorgerufenen Stoßes stehen uns also folgende unter den obigen Voraussetzungen für verschieden großes Lagerspiel zu ermittelnde Werte zur Verfügung:

1) die größte ideelle Kurbelzapfen-Biegungsbeanspruchung,
2) der größte ideelle Stoßdruck,
3) der größte ideelle Flächendruck am Kurbelzapfen.

Verfolgt man das Anwachsen dieser Werte bei sich vergrößerndem Lagerspiel, so erhält man eine Charakteristik des Stoßes, welche noch vervollständigt wird durch die Betrachtung des Zeitraumes, welcher vom Augenblick des eintretenden Richtungswechsels der Kräfte bis zum Stoßbeginn verstreicht (s. S. 11).

Erörterung der verschiedenen Verfahren bei der Verfolgung der Stoßvorgänge.

Die bislang erhaltenen Ergebnisse stimmen, was die Abhängigkeit des größten Stoßdruckes von der relativen Stoßgeschwindigkeit w anbetrifft, mit den von Stribeck[1]) gewonnenen überein. Dessen Theorie geht davon aus, daß der Ueberschuß über diejenige Arbeit, die gerade ausreichen würde, um die hin- und hergehenden Massen so zu beschleunigen oder zu verzögern, wie es der ordnungsmäßigen Kolbenbewegung entspricht, sich dadurch betätigt, daß er eine Relativbewegung von Zapfen und Lager hervorbringt, durch die der Lagerspielraum überwunden wird. Wenn während dieser Relativbewegung der Kolben die Strecke x_1 (s. Fig. 8) zurücklegt, so ist die über x_1 liegende Fläche

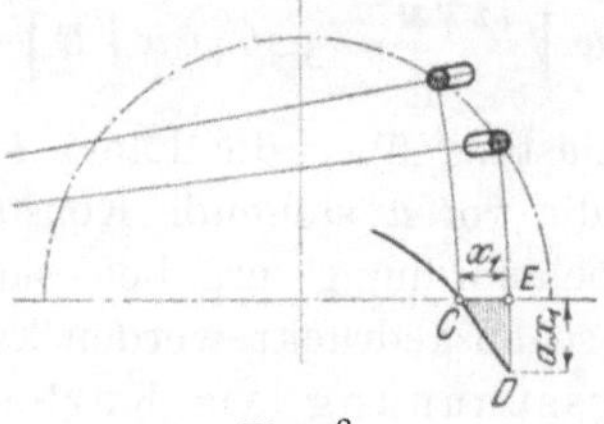

Fig. 8.

CDE das Maß für die gesamte (absolute) Stoßarbeit. Für die rechnerische Behandlung der Aufgabe wird angenommen, daß die Linie CD eine Gerade ist. Es ergibt sich dann

$$L_0 = Fa\,\frac{x_1^2}{2},$$

wo L_0 die absolute Stoßarbeit, F die Kolbenfläche und a die Tangente des Winkels ist, den die Linie CD mit der Wagerechten bildet.

Aber auch unter der Voraussetzung, daß CD eine Gerade ist, läßt sich die Gleichung für x_1, welche die Beziehung zum Lagerspielraum zum Ausdruck bringt, nicht ohne weiteres auflösen, sondern nur für die Bestimmung eines

---

1) Z. d. V. d. I. 1893 S. 10; vergl. auch M. Tolle, Die Regelung der Kraftmaschinen, 2. Aufl. 1909 S. 205/207. Tolle hat sich dem Stribeckschen Rechnungsgang im wesentlichen angeschlossen.

Näherungswertes für diejenigen Stöße benutzen, welche in gewissen Entfernungen von den Kurbeltotlagen stattfinden.

Für die Druckwechsel in unmittelbarer Nähe der Kurbeltotlagen empfiehlt Stribeck eine zweite Rechnungsart, bei der die wagerechten Drücke nicht auf den Kolbenweg, sondern auf die Zeit bezogen werden. Auch hier wird die Annahme gemacht, daß die entsprechende Linie eine Gerade ist, und es wird eine Formel abgeleitet, die eine Abhängigkeit der relativen Stoßgeschwindigkeit von dem Ausdruck $\sqrt[3]{b}$ ergibt, wo b die Aenderung des Horizontaldruckes, auf die Sekunde bezogen, bedeutet. Diese zweite Rechnungsart liefert zwar richtigere Werte, ist aber umständlicher und wenig übersichtlich. Es ist natürlich auch schwierig zu bestimmen, wo die Grenze liegt, welche die vorteilhafte Verwendung der einen oder anderen Lösung kennzeichnet.

Diese rechnerischen Verfahren zur Bestimmung der relativen Stoßgeschwindigkeit haben also den Mangel, daß Annahmen gemacht werden müssen, welche nicht immer zutreffen und zu wesentlich unrichtigen Ergebnissen führen können. Z. B. erfolgt der Verlauf der wagerechten Drücke auf den Kurbelzapfen, mögen sie nun auf den Kolbenweg oder auf die Zeit bezogen sein, nicht immer auch nur annähernd nach einer Geraden (vergl. Tafel I, Druckwechsel I), und auch die übrigen Vereinfachungen sind nicht immer zulässig.

Das in dieser Arbeit erörterte, in der Hauptsache zeichnerische Verfahren ist daher günstiger zu nennen, weil es die Größe der während des Schalenwechsels vorhandenen Kräfte genauer berücksichtigen und, wenn erforderlich, auch der Veränderlichkeit der Kurbelzapfengeschwindigkeit Rechnung tragen kann. Neben der größeren Genauigkeit ist es aber auch übersichtlicher, da es die Vorgänge durch den Verlauf der u_w- und u-Kurve, Fig. 2, versinnbildlicht und die Heftigkeit des Stoßes bei verschiedenem Lagerspiel klar zur Anschauung bringt. Im Grundgedanken stimmt das Verfahren mit dem von Wehage[1]) angegebenen überein. Bei diesem ist zur Ermittlung des Geschwindigkeitsunterschiedes für die Beschleunigung der erste Differentialquotient der Geschwindigkeit, für die Geschwindigkeit der erste Differentialquotient des Weges — beides nach der Zeit genommen — zu setzen und durch Tangentenkonstruktion — graphische Integration — aus der Massendrucklinie bezw. der Kräftelinie die Geschwindigkeitskurve und aus dieser die Wegkurve zu verzeichnen. Man sucht dann den Punkt, wo der Wegunterschied gleich dem Spielraum s ist, und findet bei den entsprechenden Punkten der Geschwindigkeitskurven die Geschwindigkeitsdifferenz w. Diese rein zeichnerische Behandlung sieht zwar zunächst einfach aus, ist aber wegen der kleinen Zeiträume, in denen sich die Vorgänge abspielen, und der großen Genauigkeit, mit der die einzelnen Linien gezeichnet werden müssen, in der Anwendung sehr umständlich.

Die Heftigkeit des Stoßes wird von Wehage durch den Wert der Formänderungsarbeit (relativen Stoßarbeit) $\frac{Mw^2}{2}$ gemessen. Als Vergleichsmaßstab wird die Fallhöhe empfohlen, welche 1 kg zurücklegen muß, um das fragliche Arbeitsvermögen zu erreichen. Es ist aber oben bereits darauf hingewiesen worden, daß es richtiger ist, die Stoß**kraft** und nicht die relative Stoß**arbeit** für die Beurteilung der Heftigkeit eines Stoßes zu Grunde zu legen.

Wehage und Stribeck beabsichtigten, einen allgemeinen Einblick in die Vorgänge beim Richtungswechsel des Zapfendruckes zu tun und Vorurteile hin-

[1]) Z. d. V. d. I. 1884 S. 637, 662, 677.

sichtlich der Zweckmäßigkeit der Druckwechselverlegung in oder unmittelbar vor die Kurbeltotlagen zu zerstören. Die vorliegende Arbeit hat den Zweck, an Hand von Betriebsergebnissen Anhaltpunkte für die Aufstellung eines allgemeinen Maßstabes zu geben, an dem die »Zulässigkeit« und »Heftigkeit« eines Stoßes bei Kurbeltrieben gemessen und bei Maschinen der verschiedenartigsten Größe und Bauart verglichen werden könnten, soweit bei ihnen eine mittlere Geschwindigkeit nicht überschritten wird (s. S. 10). Für Schnelläufer, bei denen infolge der Einwirkung der Normalbeschleunigungskräfte der Schubstange die Stoßbedingungen wesentlich günstiger sind, hat sich Wehage einer vektoriellen Darstellung der Resultierenden aus den wagerechten und senkrechten Lagerdrücken bedient, welche die Größe der am Kurbelzapfen auftretenden Kräfte und deren Richtungswechsel übersichtlich zur Anschauung bringt.

Im folgenden mögen nun die Untersuchungen und Beobachtungen mitgeteilt werden, welche an einer Großgasmaschine bei verschiedenen Belastungen gemacht sind und Gelegenheit geben, die theoretisch gefundenen Werte mit der Praxis zu vergleichen.

C) Untersuchungen und Beobachtungen an einer Großgasmaschine.

Bauart und Hauptabmessungen der Maschine.

Die Untersuchungen wurden an einer Zwillings-Zweitaktgasmaschine, Bauart Oechelhäuser, ausgeführt, welche für den Betrieb mit Koksofengas (unterer Heizwert etwa 4100 WE) und für eine größte Leistung von 1500 PS_e bei 125 Uml./min gebaut ist und einen unmittelbar auf die Welle gesetzten Drehstromgenerator, Bauart Siemens-Schuckert, antreibt (s. Fig. 9 bis 11).

Die Regulierung erfolgt in bekannter Weise durch die Einwirkung des Regulators auf die Rücklaufventile derart, daß das Mischungsverhältnis von Gas und Luft möglichst gleich erhalten wird.

Hinter jedem Arbeitzylinder liegt eine unmittelbar gekuppelte doppeltwirkende Luftpumpe (Zyl.-Dmr. = 800 mm), während die Gaspumpen neben den Arbeitzylindern auf deren Außenseite angeordnet und nur einfachwirkend sind (Zyl.-Dmr. = 355 mm); sie werden unmittelbar durch das Umführungsgestänge angetrieben. Die Versetzung der entsprechenden Kurbeln der beiden Maschinenseiten beträgt 180°. Das GD^2 der Schwungmassen ist 1500000 m²/kg.

Die hier in Frage kommenden Hauptabmessungen sind:

Bohrung der beiden Zylinder	710 mm
Hub der Kolben ($2r$)	950 »
Schubstangenlänge $l = 5r$	2375 »
Umführungsstangen-Dmr.	83 »
Kreuzkopfzapfen (mittleres Gestänge, Vorderkolben) . . .	250 Dmr. × 330 mm
» (seitliches Gestänge, Hinterkolben) . . .	180 » × 240 »
Kurbelzapfen (Vorderkolben)	390 » × 460 »
» (Hinterkolben)	360 » × 276 »

Das Material der Zapfen, Schub- und Umführungsstangen ist Flußstahl von 55 bis 60 kg Festigkeit und etwa 20 vH Dehnung.

Gewichte der hin- und hergehenden Massen einer Maschinenseite.

Für das mittlere Gestänge (Vorderkolben).

1 Arbeitskolben	850 kg
Kühlwasser darin	350 »
1 mittlere Kolbenstange . .	308 »
1 mittlere Schubstange 1553 kg, davon $^2/_3$ [1])	1036 »
1 mittlerer Kreuzkopf mit Gleitschuhen	1010 »
1 Kühlwasserkreuz	100 »
Rohre und Wasser darin . .	50 »
zusammen	3704 kg
= rund	3700 »

Für die beiden seitlichen Gestänge (Hinterkolben).

1 Arbeitskolben	850 kg
Kühlwasser darin	350 »
1 Kolbenstange	308 »
2 seitliche Schubstangen 1906 kg, davon $^2/_3$ [1])	1270 »
2 seitliche Kreuzköpfe mit Gleitschuhen	1021 »
1 Kühlwasserkreuz	93 »
1 Querhaupt mit Schuh und Verbindungsstück . . .	1806 »
2 seitliche Zugstangen . . .	500 »
2 Verbindungsstücke . . .	212 »
2 seitliche Stangenschlösser .	78 »
Rohre und Wasser darin . .	50 »
1 Luftpumpenkolbenstange .	125 »
1 Luftpumpenkolben . . .	377 »
1 Gaspumpenkolben } 1 Führungskolben [2]) } . . .	150 »
zusammen	7190 kg

Ueberdruck- und Drehkraftdiagramme.

Tafel I und II.

Tafel I und II zeigen für eine Leistung von etwa 800 PS_e und 1450 PS_e den Verlauf der auf die Kolbenflächeneinheit (qcm) bezogenen äußeren (Kolben-) Kräfte, Massendrücke und Resultierenden (Ueberdrücke), durch welche Ort und Art des Druckwechsels bestimmt werden. Die Kurven sind so gezeichnet, daß die Uebersichtlichkeit und der Zusammenhang möglichst gewahrt bleibt; dabei ändert sich allerdings der Sinn der Kräfteordinaten in den einzelnen Feldern, was auf den Tafeln durch die Bezeichnung »positiv« und »negativ« kenntlich gemacht ist. Ferner ist das Drehkraftdiagramm (Tangentialdruckdiagramm) entworfen, aus dem sich der Ungleichförmigkeitsgrad der Maschine und die Kurve der Kurbelzapfengeschwindigkeit bestimmen läßt.

Die Diagramme der Arbeitzylinder und Ladepumpen der linken und rechten Maschinenseite, welche durch den Indikator mittels Antriebes von einem seitlichen Kreuzkopf abgenommen wurden, deckten sich so genau, daß mit dem Auge ein Unterschied nicht wahrgenommen werden konnte und eine getrennte Durchführung für die beiden Maschinenseiten nicht gemacht zu werden brauchte.

[1]) Die Schubstangengewichte sind mit $^2/_3$ in Ansatz gebracht, um bei Aufzeichnung der Massendrucklinien dem Umstande Rechnung zu tragen, daß die verschiedenen Teile der Schubstange verschiedene Horizontalbeschleunigungen erfahren. Tolle (Die Regelung der Kraftmaschinen 2. Aufl. 1909 S. 230/32) berechnet den Anteil auch zu $^2/_3$ unter der Voraussetzung, daß die Massenquerkräfte durch Gegengewichte an den Kurbeln ausgeglichen sind, d. h. also, daß der resultierende Massendruck stets in der Längsmittellinie der Maschine auftritt. Mollier (Z. d. V. d. I. 1903 S. 1638) dagegen zieht im Durchschnitt die Wahl der halben Masse vor.

[2]) Auf der inneren Seite des Arbeitzylinders ist eine dem Gaspumpenzylinder und -kolben entsprechende Führung für die innere Umführungsstange angeordnet.

Das Indikatordiagramm des Vorderkolbens wurde durch Umzeichnung aus demjenigen des Hinterkolbens erhalten.

Die Arbeiten der Gas- und Luftladepumpen sind summarisch bei der Aufzeichnung des Hinterkolben-Ueberdruckdiagrammes berücksichtigt und erscheinen daher im Drehkraftdiagramm bereits abgezogen; dagegen sind Eigenreibungswiderstände der Maschine nicht abgezogen, um die Kurven nicht zu verwickelt zu machen. Das Ergebnis verliert allerdings dadurch besonders für geringe Belastung an Richtigkeit. Für die Widerstandslinie im Drehkraftdiagramm ist zum Ausgleich für die Eigenreibungswiderstände ein gleichmäßiger Zuschlag zu der gleichbleibenden Belastung durch die Dynamo gemacht worden.

Tafel II enthält außer den auf den Kolbenweg bezogenen Diagrammen noch solche mit auf die Zeit bezogenen Kraftordinaten, soweit nämlich die Vor-

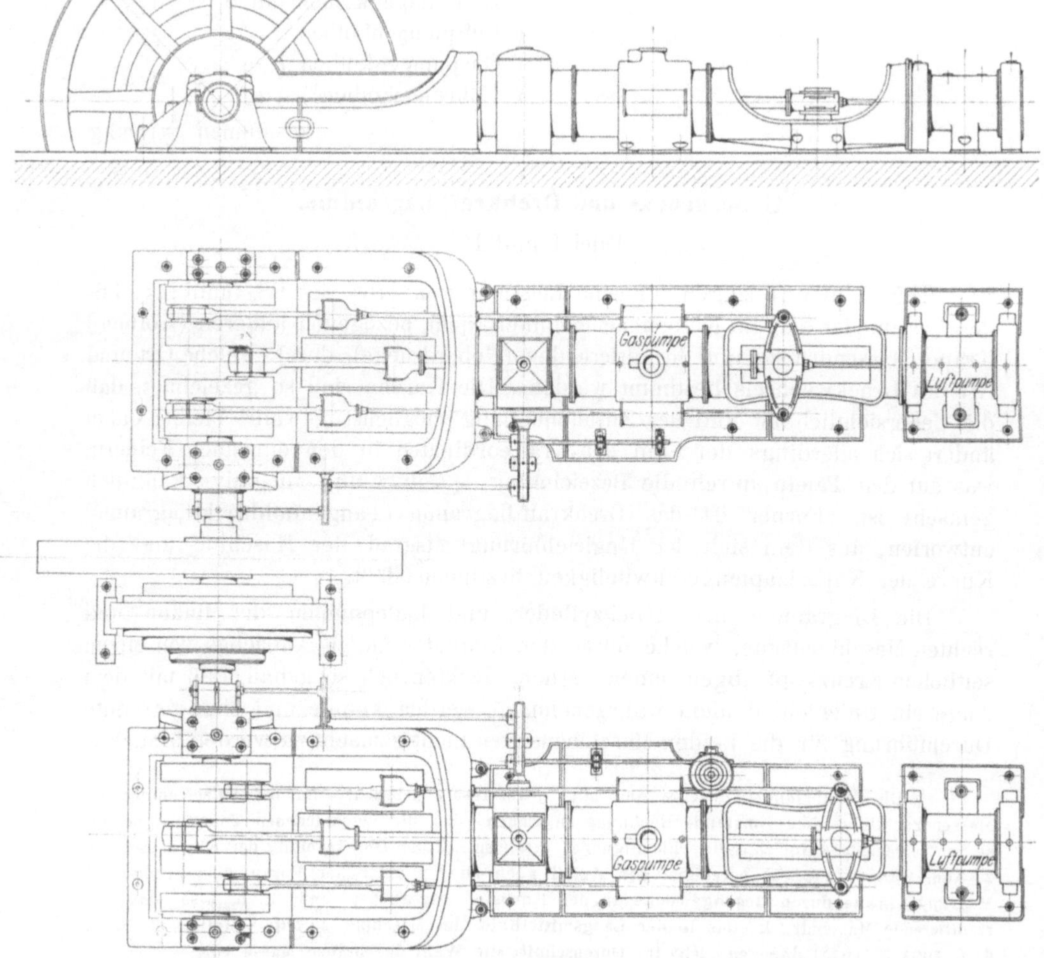

Fig. 9 und 10. Oechelhäuser-Zwillingsgasmaschine von 1500 PS$_e$. Aufriß und Grundriß.

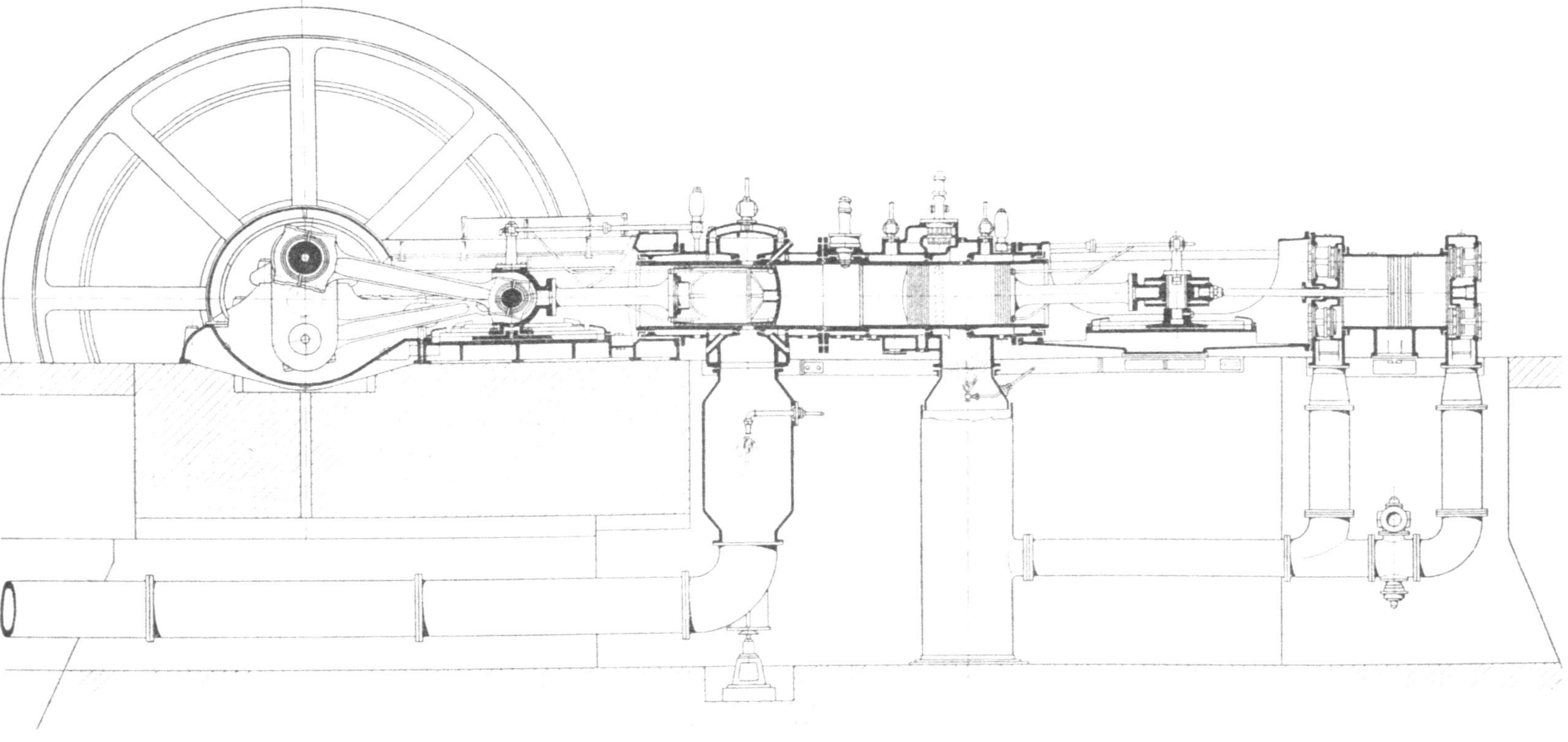

Fig. 11. Oechelhäuser-Zwillingsgasmaschine von 1500 PS$_e$. Aufriß-Schnitt.

gänge beim Druckwechsel an den Totpunkten zur Anschauung gebracht werden mußten. (Druckwechsel I und III, Tafel II.)[1])

Alle weiteren wissenswerten Angaben sind auf den Tafeln selbst gemacht worden.

Ergänzend sei noch folgendes bemerkt:

Tafel I, Belastung rund 800 PS_e.

Die Leistung des Vorderkolbens	beträgt	rund	. . . .	320 PS_i
» » » Hinterkolbens	»	»	. . . .	276 »
» » einer Maschinenseite	»	»	. . . .	596 PS_i
» » der Zwillingsmaschine	»	»	. . . .	1192 »

$$\text{mithin ist der Wirkungsgrad } \eta = \frac{PS_e}{PS_i} = \frac{800}{1192} = \text{rd. } 0{,}67$$

(einschließlich der Ladepumpen, deren Arbeit rd. 142 PS_i ausmacht).

Der Ungleichförmigkeitsgrad δ berechnet sich aus der Beziehung $\frac{G}{g} c^2 \delta = A$, wo A den Arbeitsüberschuß im Drehkraftdiagramm und c die mittlere Geschwindigkeit des Schwungringes im Schwerpunktsabstand des Ringquerschnittes von der Drehachse (Annäherung für dessen Trägheitshalbmesser) bedeutet.

Da

$$GD^2 = 1\,500\,000 \text{ m}^2/\text{kg}, \quad n = 125 \text{ in } 1 \text{ min}, \quad A = 470{,}15 \cdot 64{,}2 = 30184 \text{ mkg},$$

so ergibt sich

$$\delta = \frac{1}{217}.$$

Da die mittlere Kurbelzapfengeschwindigkeit 6,22 m ist, so berechnen sich die Grenzgeschwindigkeiten mittels der Gleichungen

$$v_{max} - v_{min} = \delta c \text{ und } v_{max} + v_{min} = 2c$$

zu

$$v_{max} = 6{,}2343 \text{ m}, \quad v_{min} = 6{,}2057 \text{ m}.$$

Tafel II. Belastung rund 1450 PS_e.

Die Leistung des Vorderkolbens	beträgt	rund	. . . .	516 PS_i
» » » Hinterkolbens	»	»	. . . .	445 »
» » einer Maschinenseite	»	»	. . . .	961 »
» » der Zwillingsmaschine	»	»	. . . .	1922 »

mithin $\eta = \frac{PS_e}{PS_i} = \frac{1450}{1922} = \infty\, 0{,}75$ (einschließlich der Ladepumpen, deren Arbeit rd. 170 PS_i beträgt).

Der Ungleichförmigkeitsgrad ist bei $A = 470{,}15 \cdot 55{,}36 = 26027$ mkg

$$\delta = \frac{1}{251};$$

folglich

$$v_{max} = 6{,}2324 \text{ m}, \quad v_{min} = 6{,}2076 \text{ m}.$$

---

[1]) Diese auf die Zeit bezogenen Diagrammstücke sind, so gut es möglich war, aus den Kolbenwegdiagrammen abgeleitet worden. Für Druckwechseluntersuchungen ist es zweckmäßig, sich des Zeitindikators zu bedienen, oder außer dem üblichen Antrieb der Indikatortrommel auch einen solchen vorzusehen, welcher der Drehbewegung der Kurbelwelle entspricht, um die Verhältnisse in den Totpunktstellungen besser prüfen zu können.

Stoßdiagramme. Tafel III.

Die Druckwechsel der Tafeln I und II sind auf Tafel III durch »Stoßdiagramme« untersucht worden, deren Wesen und Zweck oben (S. 6 ff.) ausführlich gekennzeichnet ist.

Bei den kleinen Ungleichförmigkeitsgraden von $^1/_{217}$ bezw. $^1/_{251}$ ist davon Abstand genommen worden, die Veränderlichkeit der Kurbelzapfengeschwindigkeit zu berücksichtigen. Diese ist mit $v = 6{,}22$ m = konst eingesetzt worden. Dann bietet die Aufzeichnung der u_{th}-Kurve mit Hülfe der Näherungsformel (5) $u_{th} = v\left(\sin\varphi \pm {}^1/_2 \frac{r}{l} \sin 2\varphi\right)$ keine Schwierigkeiten. Auch die u-Kurve läßt sich nach Festlegung der aus der Beziehung $\frac{K}{M} = k$ (Formel (13)) sich ergebenden Beschleunigungskurve von Kurbelwinkel zu Kurbelwinkel punktweise auftragen. Aus den u_{th}- und u-Kurven, d. h. den Kurven der »theoretischen« und wirklichen Kolbengeschwindigkeit, welche auf die Zeit bezogen sind, ergeben sich die relativen Stoßgeschwindigkeiten w_1, w_2, w_3 und w_4 für die entsprechenden Gesamtlagerspielräume von 0,1, 0,2, 0,3 und 0,4 mm. Auf der Zeitachse ($1^0 = {}^1/_{750}''$) lassen sich die zugehörigen Stellungen der Kurbeln beim Stoßbeginn ablesen.

Auf den Tafeln I und II sind die bei einem (normalen) Gesamtlagerspiel von 0,2 mm entstehenden Perioden des Schalenwechsels mit Hinweis auf die den Druckwechseln entsprechenden Stoßdiagramme kenntlich gemacht. Auch sind durch Angabe der betreffenden Kurbelwinkel die Kurbelstellungen bei Anfang und Ende des Schalenwechsels verzeichnet. Die während dieses Wechsels sich anhäufende Energie L_0, die den Mehrbetrag über diejenige Arbeit bedeutet, welche zur ordnungsmäßigen Beschleunigung oder Verzögerung der hin- und hergehenden Massen erforderlich ist, wird in den Ueberdruckdiagrammen durch die schraffierte Fläche dargestellt. Sie ist gleichbedeutend mit der absoluten Stoßarbeit

$$L_0 = \frac{M}{2}(u^2 - u_{th}^2) \text{ (vergl. S. 12 und 18).}$$

Absolute Stoßarbeiten, ideelle Stoßdrücke, spezifische Flächendrücke und Biegungsbeanspruchungen an den Kurbelzapfen. Tafel IV.

Die absoluten Stoßarbeiten ergeben sich aus der Beziehung $L_0 = \frac{M}{2}(u^2 - u_{th}^2)$, wobei die Werte für u_{th} und u aus den Kurven der Stoßdiagramme mit hinreichender Genauigkeit abgegriffen werden können.

Die ideellen Biegungsspannungen berechnen sich aus der Formel (34)

$$\sigma = 3{,}4641\, w \sqrt{E\frac{M}{V}}.$$

Für das mittlere Gestänge ist (vergl. S. 20 und 21)

$$M = \frac{3700}{981} = 3{,}77 \text{ cmkg/sk}^2,\; V = \frac{d^2\pi}{4} l = 39^2 \frac{\pi}{4} 46 = \infty\, 55000 \text{ ccm},$$
$$E = 2200000 \text{ kg/qcm},$$

daher

$$\sigma \text{ kg/qcm} = \infty\, 42{,}5\, w,$$

wo w in cm einzusetzen ist.

Für das seitliche Gestänge wird angenommen, daß der Stoß sich gleichmäßig auf die Umführungen verteilt, weil das Querhaupt drehbar angeordnet ist (vergl. S. 30). Hier ist (vergl. S. 20 und 21)

$$M = \frac{7190}{2 \cdot 981} = 3{,}665 \text{ cmkg/sk}^2,\quad V = \frac{d^2\pi}{4} l = 36^2 \frac{\pi}{4} 27{,}6 = \infty\ 28094 \text{ ccm und}$$

$$E = 2200000 \text{ kg/qcm},$$

daher

$$\sigma \text{ kg/qcm} = \infty\ 58{,}7\ w,$$

worin w wieder in cm.

Die ideellen Stoßdrücke P werden (vergl. Formel (35)) aus der Gleichung $\frac{Pl}{8} = \sigma W$ oder $P = 8 \frac{W\sigma}{l}$ bestimmt. Für das mittlere Gestänge ist demnach

$$P = 8 \frac{5824}{46} \sigma = \infty\ 1013\sigma$$

(P in kg und σ in kg/qcm) und für das seitliche Gestänge

$$P = 8 \frac{4580}{27{,}6} \sigma = \infty\ 1327{,}5\ \sigma.$$

Die ideellen Flächendrücke sind (vergl. Formel (36)) $p = \frac{P}{dl}$, mithin beim mittleren Gestänge $p = \frac{P}{39 \cdot 46} = \frac{P}{1794}$, und beim seitlichen Gestänge $p = \frac{P}{36 \cdot 27{,}6} = \frac{P}{993{,}6}$ (P in kg, p in kg/qcm).

Auf Tafel IV sind nun für die verschiedenen Druckwechsel die absoluten Stoßarbeiten sowie die ideellen Stoßdrücke, Biegungsspannungen an den Kurbelzapfen und spezifischen Flächenpressungen daselbst unter Berücksichtigung eines Gesamtlagerspieles von 0,1 bis 0,4 mm zeichnerisch und tabellarisch dargestellt[1]). Es sind hierbei als Abszissen die Zeiten (Kurbelwinkel $1^0 = {}^1/_{750}''$) vom Augenblick des eintretenden Richtungswechsels der Kräfte (0^0) bis zum Beginn des Stoßes, also bis zur Beendigung des Schalenwechsels, aufgetragen. Die sonstigen wissenswerten Angaben sind auf der Tafel selbst gemacht worden. Bemerkt sei nur noch, daß die Bezeichnungen »Zug« bezw. »Druck« in den zu den einzelnen Stoßdiagrammen gehörigen tabellarischen Zusammenstellungen darauf hinweisen, daß in dem Triebwerk durch den mit dem Druckwechsel verbundenen Stoß Zug- bezw. Druckbeanspruchungen hervorgerufen werden.

Die Aufzeichnungen lassen zunächst erkennen, daß die absolute Stoßarbeit L_0 keinen Maßstab für die Härte und Heftigkeit eines Stoßes abgibt, wohl aber der größte Stoßdruck P, dem bei demselben Triebwerk sowohl die größte Biegungsspannung σ als auch der größte spezifische Flächendruck p proportional sind. Letztere Größen ändern sich bei einem und demselben Gestänge, für das also M, V (l und d) und E unveränderlich sind, proportional $w = u - u_{th}$, während die absolute Stoßarbeit

$$L_0 = \frac{M}{2}(u^2 - u_{th}^2) = \frac{M}{2}(u + u_{th})(u - u_{th})$$

$$= \frac{M}{2}(w + 2u_{th})\,w = M\frac{w^2}{2} + M u_{th} w,$$

von dem Ausdruck $(u^2 - u_{th}^2)$ abhängig ist. Dieser ist bei gleichem w an den Totlagen relativ klein und fällt um so erheblicher aus, je größer in der betreffenden Kurbelstellung u_{th} wird.

So trifft es bei den auf den Tafeln I und II vorhandenen Druckwechseln zusammen, daß sich bei dem unmittelbar vor einem Totpunkt stattfindenden

[1]) 0,1 (I) z. B. bedeutet: Druckwechsel (Stoßdiagramm) I bei einem Gesamtlagerspiel von 0,1 mm.

Druckwechsel III (Tafel II) die geringsten absoluten Stoßarbeiten ergeben, während die Stoßdrücke und spezifischen Flächenpressungen die höchsten Werte erreichen. Auch die Biegungsspannungen bleiben nur unwesentlich hinter den ungünstigsten überhaupt auftretenden des Druckwechsels I (Tafel II) zurück, der ebenfalls in der Nähe einer Kurbeltotlage stattfindet und daher relativ kleine absolute Stoßarbeiten aufweist. Anderseits ist der in großer Entfernung von den Totpunkten liegende Druckwechsel II (Tafel I bezw. II, da er bei beiden Belastungen unter gleichen Bedingungen verläuft) am günstigsten hinsichtlich des Stoßdruckes, der Biegungsspannung und Flächenpressung, und doch, was die absoluten Stoßarbeiten anbetrifft, scheinbar bedenklicher als die Druckwechsel I und III (Tafel II) sowie I (Tafel I). Es finden also, natürlich immer gleiches Lagerspiel vorausgesetzt, die heftigsten und härtesten Stöße bei den Druckwechseln III und I der Tafel II statt. Bei III (Tafel II) (seitliches Gestänge, Hinterkolben) wird sowohl die Festigkeit des Zapfens wie auch die Widerstandsfähigkeit des Lagermetalles infolge der hohen Spannung bezw. Flächenpressung am meisten in Anspruch genommen. Bei I (Tafel II) aber wird (mittleres Gestänge, Vorderkolben) zwar die Flächenpressung weit geringer, die Biegungsspannung des Kurbelzapfens jedoch noch etwas höher als bei III. Anderseits erweist sich der Druckwechsel I (Tafel 1), obwohl er als »verspätet« nach der üblichen Auffassung bedenklich erscheinen könnte, als verhältnismäßig harmlos, da die bei ihm hervorgerufenen Spannungen und Flächendrücke, abgesehen von II, bei sämtlichen übrigen Druckwechseln übertroffen werden.

Während also die gefährlichsten Stöße mit denjenigen Druckwechseln verbunden sind, welche unmittelbar v o r den Totpunkten stattfinden und der sanfteste Stoß in großer Entfernung von den letzteren auftritt, so ist doch zu beachten, daß auch der Druckwechsel IV (Tafel I) und VI (Tafel II), die unter gleichen Bedingungen verlaufen, verhältnismäßig große Stoßdrücke und Stoßbeanspruchungen zeigen, obwohl sie annähernd bei Kolbenmittelstellung erfolgen.

Aus all diesem ergibt sich der Schluß, daß es allgemein bei Maschinen mit Kurbeltrieb nicht angängig ist, die Härte und Gefährlichkeit eines Stoßes nach der mehr oder weniger großen Entfernung des betreffenden Druckwechsels von den Kurbeltotlagen beurteilen zu wollen, wie dieses von Stribeck unter bestimmten Voraussetzungen bei gewöhnlichen Betriebsdampfmaschinen mit Recht geschehen konnte. Es muß zwar erwähnt werden, daß auch durch die vorliegenden Untersuchungen die besondere Gefährlichkeit des Druckwechsels unmittelbar v o r den Kurbeltotlagen bestätigt wird. Anderseits muß aber auch hervorgehoben werden, daß es einer Prüfung des Einzelfalles bedarf, um ein zuverlässiges Urteil über den Einfluß eines Druckwechsels auf den Gang und die Betriebsicherheit einer Maschine zu gewinnen. Will man sich mit rohen Vergleichswerten begnügen, so gibt der von Stribeck unter der Annahme bestimmter vereinfachender Vorbedingungen gegebene Maßstab $\sqrt[3]{b}$ (siehe S. 19) sehr beachtenswerte Anhaltpunkte, wie auch aus einem Vergleich zwischen den auf Tafel IV dargestellten Stoßdrücken zu entnehmen ist.

Zur Charakteristik des Stoßes dienen ferner die Zeiträume, welche vom Augenblick des eintretenden Richtungswechsels der Kräfte bis zum Stoßbeginn bei den verschiedenen Größen des Lagerspieles verstreichen und auch einen Rückschluß zulassen auf die Kolbenkräfte, welche w ä h r e n d des Stoßes wirken und seine Heftigkeit vergrößern (vergl. S. 11). Jedenfalls ist es zweckmäßig, den Verlauf der durch den Druckwechsel bedingten Vorgänge auch für Spielräume zu prüfen, welche bei einem ordnungsmäßigen Zustand einer Betriebsmaschine nicht vorkommen. Es sind daher bei den vorliegenden Untersuchungen Gesamtlagerspielräume bis zu 0,4 mm berücksichtigt, um die Eigenschaften eines Druckwechsels möglichst scharf hervortreten zu lassen.

Auch bei Betrachtung der Zeitdauer des Schalenwechsels geben die Druckwechsel I und III (Tafel II) das ungünstigste Bild, da die Zeiten (bei 0,1 bezw. 0,4 mm Lagerspiel 0,00476" bezw. 0,00714" bei I; und 0,00604" bezw. 0,00949" bei III) gegenüber denjenigen bei allen anderen Druckwechseln am geringsten sind.

Es ergibt sich also folgendes:

Bei halber Leistung der Maschine finden sämtliche Druckwechsel unter erheblich günstigeren Bedingungen statt, als bei Vollast. Bei dieser führen die Druckwechsel im hinteren bezw. vorderen Totpunkt des Vorder- bezw. Hinterkolbens die weitaus ungünstigsten Stoßverhältnisse herbei.

Beobachtungen während des Betriebes der Gasmaschine.

Die Beobachtungen an der Maschine erstreckten sich auf die Dauer von mehr als einem Jahr. Hervorgehoben seien folgende Feststellungen:

1) Ende November 1905. Inbetriebsetzung der Maschine.

2) Dezember 1905. Bruch des Stahlgußquerhauptes der rechten Maschinenseite infolge Materialfehlers und gleichzeitig dadurch hervorgerufene Zerstörung der rechten Luftladepumpe.

3) Ende Mai 1906. Wiederinbetriebnahme mit beiden Maschinenseiten gleichzeitig. In der Zwischenzeit hat nur die linke Seite mit halber Last (400 bis 420 KW) gearbeitet.

4) Anfang Juni 1906. Die Maschine arbeitet von jetzt ab im Dauerbetrieb unter schwierigen Verhältnissen, da die Belastungen häufig und plötzlich zwischen 250 und 900 KW schwanken.

Lagerspiel[1]) in den seitlichen Gestängen:

Rechtsmaschine,	Kurbelzapfen	rd. 0,1 mm
»	Kreuzkopfzapfen	» 0,2 »
Linksmaschine,	Kurbelzapfen	» 0,1 »
»	Kreuzkopfzapfen	» 0,15 »

Lagerspiel in den mittleren Gestängen:

an den Kurbel- und Kreuzkopfzapfen beider Seiten	» 0,1 »

Belastung.	Gang.
700 PSe . . .	Gang beider Seiten ruhig und stoßfrei.
1000 » . . .	desgl.
1500 » . . .	Fast ruhiger Gang links, dagegen rechts deutlich hörbarer Stoß im seitlichen Gestänge im vorderen Totpunkt der zum Hinterkolben gehörigen Kurbeln. Beide mittleren Triebwerke arbeiten stoßfrei.

[1]) Gemessen wurde das Lagerspiel durch die Stärke der Blechstreifen, welche zwecks Anzuges zwischen den Lagerschalen entfernt werden mußten, um den ordnungsmäßigen Zustand des Lagers wiederherzustellen. Dieser ist bei einem Spiel von rd. 0,1 mm bei Lagern der vorliegenden Abmessungen vorhanden, wie die »Ableiung« von Lagern, d. h. das Ausmessen des Spielraumes zwischen Zapfen und Lager mittels Bleifäden, ergeben hat. Bei geringerem Spiel tritt infolge ungenügender Verteilung des Oeles Heißlaufen bezw. Fressen des Lagers ein.

5) Mitte Juli 1906. Die Lager sämtlicher Schubstangen, welche mit sogen. Glykometall ausgegossen sind, zeigen starke Abnutzung und müssen oft nachgestellt werden, besonders an den Kreuzköpfen.

Lagerspiel: Rechtsmaschine,

seitliches	Gestänge:	Kurbelzapfen	rd.	0,15 mm
»	»	Kreuzkopfzapfen . . .	»	0,4 »
mittleres	»	Kurbelzapfen	»	0,1 »
»	»	Kreuzkopfzapfen . . .	»	0,15 »

Lagerspiel: Linksmaschine,

seitliches	Gestänge:	Kurbelzapfen	»	0,1 »
»	»	Kreuzkopfzapfen . . .	»	0,2 »
mittleres	»	Kurbelzapfen	»	0,1 »
»	»	Kreuzkopfzapfen . . .	»	0,15 »

Belastung.	Gang.
600 PS_e . . .	Gang links ruhig, rechts Stoß im seitlichen Gestänge im vorderen Totpunkte der zum Hinterkolben gehörigen Kurbeln.
800 » . . .	links ruhig, rechts verstärkter Stoß.
1000 » . . .	links ruhig, rechts kräftiger Stoß; die Umführungsstangen zittern und knacken.
1350 » . . .	links Stoß im seitlichen Gestänge im vorderen Totpunkt der zum Hinterkolben gehörigen Kurbeln. Rechts ist der Stoß bis zu einer solchen Stärke angewachsen (heftiges Poltern des Querhauptes), daß von einer Betriebsicherheit der Maschine nicht gesprochen werden kann. Der Gang der mittleren Gestänge kann auch bei dieser Belastung auf beiden Seiten als fast stoßfrei bezeichnet werden.

6) Mitte September 1906. Eine Besichtigung der Schubstangenlager zeigt die Notwendigkeit, einen Teil, besonders die Kreuzkopfzapfenlager, auszuwechseln und statt mit Glykometall, welches sich wegdrückt und rissig wird, mit Weißmetall auszugießen. Die Kreuzkopfzapfen der seitlichen Gestänge erweisen sich als abgenutzt, die der mittleren Gestänge dagegen als noch völlig rund.

Lagerspiel des mittleren Gestänges der Rechtsmaschine:

Kurbelzapfen	rd.	0,1 mm
Kreuzkopfzapfen	»	0,25 »

Belastung.	Gang.
700 PS_e . . .	mittleres Gestänge rechts arbeitet so gut wie stoßfrei.
1200 » . . .	dumpfer Stoß im mittleren Gestänge rechts im hinteren Totpunkt der zugehörigen Kurbel.

Die Beobachtungen wurden im Jahre 1907 noch weiter ergänzt. Sie lassen sich folgendermaßen zusammenfassen:

1) Bei einem normalen Gesamtlagerspiel von rd. 0,2 mm (0,1 mm am Kreuzkopfzapfen und 0,1 mm am Kurbelzapfen) lief die Maschine bei allen Belastungen bis 1500 PS_e ruhig und stoßfrei, und nur beim Auftreten von »Frühzündungen« bemerkte man ein Knacken und Zittern an den Umführungsstangen und ein Klopfen der Lager der seitlichen Gestänge.

2) Mit einem Gesamtlagerspiel von über 0,2 mm bis 0,3 mm ging die Maschine, ordnungsmäßige Zündung vorausgesetzt, bei Belastungen bis rd. 1000 PS_e

ruhig, d. h. es waren weder Erschütterungen an den Stangen noch ein nennenswertes Klopfen der Lager festzustellen. Bei Leistungen über 1000 PS. machte sich jedoch, mit steigender Belastung anwachsend, ein Stoßen und Klopfen der seitlichen Kreuzkopf- und Kurbelzapfenlager im vorderen Totpunkt der zum Hinterkolben gehörigen Kurbeln bemerkbar, welches sofort hörbar wurde, sobald die Lager etwas lose waren. Bei Belastungen über 1250 PS. bis 1500 PS. und einem Gesamtlagerspiel von rd. 0,25 mm trat ein starkes Knacken und Erzittern der seitlichen Schub- und Umführungsstangen sowie Stoßen der Lager sowohl seitlich als auch in der Mitte ein. Ferner zeigte der Mittelzapfen des Querhauptes, welches, um geringe Längenunterschiede der Umführungsstangen auszugleichen und eine gleichmäßige Kraftübertragung zu sichern, drehbar angeordnet ist, große Neigung, sich in seiner Lagerung locker zu schlagen, so daß diese nachträglich verstellbar angeordnet werden mußte.

3) Bei einem Gesamtlagerspiel von rd. 0,4 mm und bei Belastungen über 1000 PS. entstanden heftige Erschütterungen im mittleren Triebwerk. Gleichzeitig steigerten sich die Stöße im vorderen Totpunkt des seitlichen Gestänges ins Unerträgliche, sodaß ein längerer Betrieb unmöglich wurde. Dagegen wurden bei Belastungen unter 1000 PS. selbst bei diesem großen Lagerspiel in den mittleren Gestängen nur geringe Stöße beobachtet.

4) Die Abnutzung der mit sogenanntem Glykometall (Pb = 78,32; Sb = 14,6; Sn = 6,25; Cu = 0,28) ausgegossenen Kreuzkopf- und Kurbelzapfenlager war bei einem sonst ordnungsmäßigen Zustande der Maschine auch bei geringer Belastung verhältnismäßig groß. Dabei sind die Lagerbeanspruchungen, nach den üblichen Formeln gerechnet, selbst für Vollast nicht übermäßig hoch zu nennen [1]).

Sie überschreiten die bei großen Gas- und Dampfmaschinen öfter vorkommenden Werte nicht. Aus der starken Abnutzung der Lager mußte daher zunächst gefolgert werden, daß das verwendete Material zu weich war; es wurde nunmehr Weißmetall in der Zusammensetzung Cu = 5,6; Sb = 11,1; Sn = 83,3 vH an seine Stelle gesetzt. Dieses erwies sich als dauerhaft genug, solange die Lager in ordnungsmäßigem Zustand gehalten wurden. Erforderte es jedoch der Betrieb, daß die Maschine wochenlang durchlaufen mußte, sodaß die Lager

---

[1]) Nimmt man eine »Verpuffungsspannung« von rd. 25 at an und betrachtet die Anfahrperiode, bei der die Einwirkung der Massenkräfte verringert ist, so ergibt sich als größte spezifische Pressung

a) am mittleren Kurbelzapfenlager

$$p = \frac{P}{d\,(l - 0{,}2)} = \frac{3959{,}2 \cdot 25}{39 \cdot 45{,}8} = \infty\ 55{,}3\ \text{kg/qcm},$$

b) am seitlichen Kurbelzapfenlager

$$\frac{3959{,}2 \cdot 25}{2 \cdot 36 \cdot 27{,}4} = \infty\ 50\ \text{kg/qcm},$$

c) am mittleren Kreuzkopflager

$$\frac{3959{,}2 \cdot 25}{25 \cdot 32{,}8} = \infty\ 121\ \text{kg/qcm},$$

d) am seitlichen Kreuzkopflager

$$\frac{3959{,}2 \cdot 25}{2 \cdot 18 \cdot 23{,}8} = \infty\ 115\ \text{kg qcm}.$$

Die sekundliche Reibungsarbeit für 1 qcm der Zapfenprojektion ist ebenfalls durchaus angemessen:

$$< 1{,}8\ \text{mkg für}\ \mu = 0{,}05.$$

nicht rechtzeitig nachgezogen werden konnten, und war die Belastung dann gleichzeitig hoch, so zeigten sich an den seitlichen Kreuzkopf- und Kurbelzapfenlagern starke Abnutzungen des Lagermetalles und große Neigung zur Rißbildung in ihm, vor allem an den seitlichen Kreuzkopflagern. Gerade aber diese Risse weisen darauf hin, daß in den betreffenden Lagern Stöße auftraten, die bei den zuerst verwendeten Glykoschalen das Material so zertrümmert hatten, daß die einzelnen Stückchen mosaikartig nebeneinander gelagert waren.

Was die Abnutzung der Zapfen selbst anbetrifft, so zeigten nach ungefähr einjähriger Betriebzeit die Zapfen des mittleren Gestänges so gut wie keine Abnutzung, während alle Zapfen des seitlichen Gestänges stark angegriffen waren (von diesen wieder die gehärteten Kreuzkopfzapfen am meisten, vergl. auch S. 34).

Vergleich der Beobachtungsergebnisse mit den theoretischen Werten.

Die bisher mitgeteilten Beobachtungen stimmen gut mit den zeichnerisch dargestellten Werten der Tafel IV überein, insofern man zusammenfassend sagen kann, daß die Stöße und Erschütterungen wie die Abnutzung des Ausgußmetalls an den Kreuzkopf- und Kurbelzapfenlagern sowohl beim seitlichen wie beim mittleren Triebwerk sich in noch zulässigen Grenzen hielten, so lange die durch einen Druckwechsel hervorgerufenen »ideellen Stoßspannungen« (Biegungsspannungen) am Kurbelzapfen nicht die Größe von etwa 500 kg/qcm überschritten. Die Maschine arbeitete um so ruhiger und betriebsicherer, je mehr dieser Wert unterschritten war. Bei seiner Ueberschreitung aber waren die Stöße dort am heftigsten, wo hohe ideelle Stoßspannungen mit hohen ideellen Flächenpressungen zusammentrafen. Dieses war bei den seitlichen Gestängen der Fall, wo einer ideellen Stoßspannung von 500 kg/qcm schon ein ideeller spezifischer Flächendruck von etwa 670 kg/qcm entspricht, während am mittleren Kurbelzapfen bei derselben Stoßspannung nur ein Flächendruck von etwa 280 kg/qcm vorhanden ist.

Dieses ungünstige Verhalten der seitlichen Gestänge ist eine Folge davon, daß sie ausschließlich von der Annahme ausgehend entworfen sind, daß nur je die halben Kräfte und halben Arbeiten gegenüber dem mittleren Gestänge zu übertragen seien. Dabei ist aber die Hälfte der hin- und hergehenden Massen des ganzen Seitentriebwerks (Hinterkolben) ungefähr ebenso groß, wie die gesamte Masse des mittleren Triebwerkes (Vorderkolben), sodaß bei einem Druckwechsel bei gleicher relativer Stoßgeschwindigkeit die seitlichen Gestänge erheblich stärker angestrengt werden. Hierin offenbart sich ein Nachteil der Umführungsgestänge der Gasmaschinen, Bauart Oechelhäuser, welche sonst hinsichtlich des Massenausgleichs und der Fundamentbeanspruchungen vor allen anderen Gasmaschinenbauarten den Vorzug verdienen. Die großen Anstrengungen des Materials des seitlichen Triebwerks durch die auftretenden Druckwechsel würden vermieden sein, wenn die Zapfen reichlicher bemessen und die Gestänge selbst kräftiger gehalten wären. Letzteres gilt in besonders hohem Maße für die Schub- und Umführungsstangen, deren Knickbeanspruchungen vom Konstrukteur offenbar im alleinigen Hinblick auf das Arbeitsdiagramm

(Indikatordiagramm) des hinteren Kolbens unberücksichtigt geblieben sind[1]), obgleich sie in Wirklichkeit sehr beachtenswert sind (vergl. Druckwechsel IV (Tafel I) sowie IV und VI (Tafel II)). Aehnliches trifft auch auf die mittlere Schubstange zu, bei deren Entwurf scheinbar ausschließlich an die Druckfestigkeit gedacht ist[2]). Betrachtet man nur das Indikatordiagramm des Vorderkolbens, ohne auf die Massendrücke zu achten, so ist die Auffassung, daß Zugkräfte nicht auftreten, naheliegend. Vergegenwärtigt man sich aber die Vorgänge bei II, so ist ersichtlich, daß die sich ergebenden Zugspannungen durchaus nicht vernachlässigt werden dürfen.

Aus dem Gesagten ergibt sich, daß, obgleich die Druckwechsel I und III (Tafel II) an sich die ungünstigsten sind, doch die Eigenart der konstruktiven Durchbildung der Maschine es mit sich bringt, daß auch bei II und VI gefährliche Druckwechsel stattfinden, deren Stoßbeanspruchungen volle Beachtung verdienen[3]).

Größe der wirklichen Stoßbeanspruchungen.

Die »ideellen« Werte sind, den Grundlagen der Rechnung entsprechend, infolge der Vernachlässigung der elastischen Veränderungen des Gestänges, der Kurbel, Welle usw. zu ungünstig. Trotzdem würden die wirklich entstehenden Beanspruchungen in vielen Fällen genügen, um einen Zusammenbruch der Maschine herbeizuführen, wenn nicht die ausgleichende Wirkung des Oeles hinzukäme, der es vor allem zuzuschreiben ist, wenn Zapfenbrüche usw. immerhin nur vereinzelt vorkommen, da das Oel den Lagerspielraum völlig ausfüllt und die freie fortschreitende Bewegung des Zapfens im Lager verhindert und den Stoß mildert. So kann selbst in besonders ungünstigen Fällen ein Triebwerk durch eine Druckschmierung der Lager zu einem ruhigen gefahrlosen Gang gebracht werden, während anderseits ein verhältnismäßig harmloser Druckwechsel zu großen Schäden Veranlassung geben kann, wenn das Oelpolster aus irgend einem Grunde fehlt oder nur unvollkommen wirkt[4]).

---

[1]) Bei einem Querschnitt von 8×19 cm in der Mitte beträgt die Knickfestigkeit der seitlichen Schubstangen — überschläglich gerechnet — nur

$$P_k = \frac{\pi^2}{l^2} E J = \frac{3{,}14159^2}{237{,}5^2} \cdot 2\,200\,000 \cdot \frac{8^3 \cdot 19}{12} = \infty\ 310\,200 \text{ kg},$$

während die Zugfestigkeit der beiden Schraubenbolzen von 70 mm kleinstem Schaftdurchmesser, welche den Deckel des offenen Stangenkopfes halten, und den gefährlichsten Querschnitt für Zugkräfte darstellen,

$$P_z = 2 \cdot 7^2 \frac{\pi}{4} 5500 = \infty\ 423\,000 \text{ kg ist.}$$

[2]) Der Deckel des Stangenkopfes auf der Kreuzkopfseite ist nur mit 2 Schrauben von 52 mm kleinstem Schaftdurchmesser gehalten, deren Zugfestigkeit also nur

$$P_z = 2 \cdot 5{,}2^2 \frac{\pi}{4} 5500 = \infty\ 233\,000 \text{ kg}$$

beträgt, während die Knickfestigkeit der mittleren Schubstange bei einem Querschnitt von $12 \times 21{,}6$ cm in der Mitte — überschläglich —

$$P_k = \frac{\pi^2}{l^2} E J = \frac{3{,}14159^2}{237{,}5^2} \cdot 2\,200\,000 \cdot \frac{12^3 \cdot 21{,}6}{12} = \infty\ 1\,188\,000 \text{ kg ist.}$$

[3]) Wenn man von den Vorgängen bei den Druckwechseln ganz absieht, ergeben sich aus den Ueberdruckdiagrammen für das seitliche Gestänge Druckkräfte von rd. 30000 kg (während der zweiten Hälfte des Hinganges des Hinterkolbens) und für das mittlere Triebwerk Zugkräfte von rd. 15000 kg (in der zweiten Hälfte des Rückganges des Vorderkolbens).

[4]) Vielleicht führen derartige Ueberlegungen zu Erklärungen von so plötzlichen Zerstörungen von Maschinen, wie sie nach Art des Unfalles auf der »City of Paris« von Zeit zu Zeit eintreten (vergl. Z. d. V. d. I. 1890 S. 406).

Die Tatsache, daß die in Frage stehende Gasmaschine bei einem Spielraum von je rd. 0,2 mm am Kreuzkopf- und Kurbelzapfenlager mit voller Last gearbeitet hat, ohne daß Brüche vorgekommen sind — allerdings unter den bedrohlichsten Erscheinungen an den seitlichen Schub- und Umführungsstangen —, läßt einen gewissen Schluß auf die Größe der tatsächlich infolge der Druckwechsel auftretenden Kräfte zu.

Bei den seitlichen Schubstangen stehen der Knickfestigkeit von rd. 310200 kg und der Zugfestigkeit von rd. 423000 kg (vergl. S. 32 Bemerkungen) bei 0,4 mm Gesamtlagerspiel unter Zugrundelegung der Annäherung, daß der volle Stoßdruck, welcher am Kurbelzapfen wirkt, von der Schubstange zu übertragen ist, die ideellen Stoßkräfte von 791320 kg (Druckwechsel VI, Taf. II) bezw. 1004917 kg (Druckwechsel III, Taf. II) gegenüber, sodaß ohne weiteres ersichtlich ist, daß die wirklichen Stoßspannungen nur einen Bruchteil der entsprechenden ideellen ausmachen können. Die eben angeführten Zahlen zeigen ein Verhältnis der Festigkeit der seitlichen Schubstangen zur größten ideellen Stoßkraft (Druck bezw. Zug) von rd. 0,4.

Für die mittlere Schubstange ist (vergl. S. 32 Bemerkungen) unter ähnlichen Annahmen:

$$\frac{\text{Knickfestigkeit}}{\text{größte ideelle Stoßkraft}} = \frac{1\,188\,000}{778\,997} = \infty\,1{,}5 \text{ (Druckwechsel I, Taf. II)}$$

und

$$\frac{\text{Zugfestigkeit}}{\text{größte ideelle Stoßkraft}} = \frac{233\,000}{352\,524} = \infty\,0{,}66 \text{ (Druckwechsel II)}.$$

Anderseits gibt hinsichtlich der Höhe der wirklichen Stoßdrücke der Umstand einen Anhaltpunkt, daß beide Schalen an allen seitlichen Kreuzkopflagern trotz sorgfältigster Befestigung des Ausgußmetalles Risse bekamen und zerstört wurden, sobald die Maschine, wenn auch nur kurze Zeit, mit »lockeren« Lagern arbeiten mußte. Da Weißmetall — z. B. bei Lokomotiven — größte spezifische Flächenpressungen von über 175 kg/qcm an den Zapfen ohne Nachteile verträgt und auf ganz kurze Zeit sogar solche bis zur »Quetschgrenze« von etwa 200 kg/qcm auszuhalten vermag, so muß man schon spezifische Drücke von weit über 200 kg/qcm annehmen, um eine Erklärung für die Zerstörung des Ausgußmetalles zu finden, die mit Rissen zu beginnen pflegte und dann, nachdem das Oel durch sie hinter das Weißmetall getreten war, rasch vollendet wurde.

Bei dem für das seitliche Kreuzkopflager ungünstigsten Druckwechsel III (Tafel II) (Zugbeanspruchung!) ist — wenn ψ den Faktor bezeichnet, mit dem die ideelle Stoßkraft multipliziert werden muß, um die wirkliche zu ergeben —, für eine spezifische wirkliche Lagerpressung von etwa 230 kg/qcm (unter der Annahme, daß der gesamte Stoßdruck, welcher am Kurbelzapfen wirkt, auf den Kreuzkopfzapfen übertragen wird)[1]),

$$\frac{1\,004\,917\,\psi}{18 \cdot 23{,}8} = \infty\,230 \text{ kg/qcm},$$

also

$$\psi = \infty\,0{,}1.$$

Demnach würde ψ, soweit Zugbeanspruchungen in Frage kommen, für die seitlichen Schubstangen jedenfalls zwischen 0,1 und 0,4 liegen, welch letzterer Wert nach dem oben Gesagten die Grenze der Festigkeit bezeichnet. (Bei

[1]) Diese Annahme trifft insofern nicht ganz zu, als für den Kreuzkopfzapfen nur ein Teil der gesamten schwingenden Massen in Betracht zu ziehen ist.

Knickbeanspruchungen wird infolge des elastischen Ausbiegens der Stangen die größte auftretende Stoßkraft geringer sein, als wenn — bei gleicher relativer Stoßenergie — das Gestänge auf Zug beansprucht wird!).

Mancherlei Umstände, u. a. das Abreißen einer Umführungsstange von gesundem Material bei einer gleichartig gebauten Maschine deuten jedenfalls darauf hin, daß die Zugfestigkeit des seitlichen Gestänges bei den durch die Druckwechsel hervorgerufenen Stößen bei »lockeren« Lagern bis zum äußersten in Anspruch genommen wird. Von der Heftigkeit der letzteren zeugt auch die Tatsache, daß die in die Weißmetallschalen eingearbeiteten Schmiernuten sich nach etwa 3monatlichem Betrieb in erhabener Form auf den stark abgenutzten gehärteten seitlichen Kreuzkopfzapfen deutlich bemerkbar abzeichneten, so wie es der gegenseitigen Stellung von Zapfen und Lager im vorderen Totpunkte der Kurbel bei auseinandergezogenem Gestänge entsprach. Das ist ein Beweis dafür, daß die Stöße nicht etwa von dem Oelpolster gänzlich abgefangen werden.

D) Allgemeine Bedeutung der „ideellen" Stoßspannungen als Vergleichsmaßstab für die Heftigkeit von Stößen.

Die obigen Angaben (s. S. 31) über die zulässige »ideelle Stoßspannung« (Biegungsspannung am Kurbelzapfen) gelten zunächst nur für die untersuchte Maschine. Es ist aber sehr bemerkenswert, daß sich der gleiche Wert für das mittlere und das seitliche Gestänge ergeben hat, trotzdem die konstruktive Ausbildung und das Verhältnis $\frac{M}{V}$ verschiedenartig sind, was in den Werten für die »ideellen spezifischen Flächenpressungen« zum Ausdruck kommt. Diese Tatsache läßt es als begründet erscheinen, daß im Vorhergehenden die Stoßspannungen im mittleren und seitlichen Triebwerk unmittelbar miteinander verglichen wurden. Sie führt ferner zu der Ueberlegung, ob die ideelle Stoßspannung allgemein als Vergleichsmaßstab für die Härte und Zulässigkeit von Stößen, die durch Druckwechsel hervorgerufen werden, Verwendung finden kann. Maßgebend sind dabei die Fragen, inwiefern unter Berücksichtigung der verschiedenen Maschinenbauarten ganz allgemein

1) eine Proportionalität zwischen den ideellen und wirklichen Stoßspannungen am Kurbelzapfen vorhanden ist, und

2) die wirklichen Stoßspannungen am Kurbelzapfen auch die jeweilige Reaktion des gesamten Triebwerkes versinnbildlichen, welch letztere die Zulässigkeit oder Unzulässigkeit eines Stoßes bedingt. Nun wird sich wohl bei einem und demselben Gestänge die unter 1) angeführte Proportionalität annähernd ergeben[1]) und auch die Voraussetzung unter 2) annähernd insofern

[1]) Wir setzen die in Richtung der Stoßkraft erfolgende Formänderung des Gestänges δ proportional der wirklichen Stoßkraft ein (vergl. Formel (25)) und berücksichtigen, daß die ideelle Durchbiegung f des Kurbelzapfens der ideellen Stoßkraft direkt proportional ist (vergl. Formel (28)). Dann gilt zunächst für eine beliebige Stoßenergie E

$$E = \frac{P_0}{2} \delta,$$

wo P_0 die »wirkliche größte Stoßkraft« bedeutet, und

$$E = \frac{P}{2} f,$$

zutreffen, als die »Stoßheftigkeit« sich in einem bestimmten Verhältnis zu den wirklichen Stoßspannungen am Kurbelzapfen ändert. Anderseits ist aber beim Vergleich von Stößen und ihrer Heftigkeit bei den verschiedenen Bauarten der Maschinen im allgemeinen ein voneinander abweichendes Verhalten zu erwarten, und zwar insofern, als die Beziehung der ideellen Stoßspannungen zur Stoßheftigkeit je nach der Maschinenbauart eine andere sein wird. Es ist jedoch als sehr wahrscheinlich zu bezeichnen, daß für eine und dieselbe Bauart in gewissen Grenzen der Maschinengrößen und Umlaufzahlen die »zulässige ideelle Stoßspannung« annähernd die gleiche ist und unmittelbar als Maßstab bei der Untersuchung von Druckwechseln benutzt werden kann. Hier darf nur die Erfahrung ausschlaggebend sein. Es müßten daher weitere zahlreiche Versuche und Beobachtungen an Anlagen, die sich im Betrieb befinden, gemacht werden, um festzustellen, wie hoch die »zulässigen ideellen Stoßspannungen« für die verschiedenen Bauarten und Größen von Maschinen einzusetzen sind. Hierbei würden die sogen. »Schnelläufer« als eine Klasse für sich zu betrachten sein (s. S. 10). Von Bedeutung sind die Beziehungen zwischen F, M und V und insbesondere die Veränderlichkeit des Ausdruckes $\sqrt{\frac{M}{V}}$ (vergl. Formel (34)); ferner die konstruktive Ausbildung der die Masse M darstellenden Teile, wobei sich naturgemäß ein Unterschied zeigt zwischen den stationären Maschinen, Schiffsmaschinen, Lokomotiven, den Maschinen mit Kreuzkopfführung, Trunkkolben usw. Dabei ist auch der »ideelle spezifische Flächendruck« am Kurbelzapfen zu untersuchen. Seine Größe darf ein gewisses Maß nicht überschreiten, wenn nicht die Haltbarkeit der Lager in Frage gestellt werden soll.

Ob sich allgemein gültige Beziehungen zwischen der Kolbenfläche F und $\sqrt{\frac{M}{V}}$ und der »zulässigen ideellen Stoßspannung« aufstellen lassen, kann nur an Hand reicher Erfahrungen an ausgeführten Maschinen mannigfacher Bauart und Größe beurteilt werden.

Die vorliegende Arbeit hat den Zweck, durch Einführung des Begriffs der »ideellen Stoßspannung« und »ideellen spezifischen Flächenpressung« eine Grundlage zu schaffen, auf der das Erfahrungsmaterial gesammelt und gesichtet werden könnte.

Die Schaffung von einheitlichen Grundlagen für die Berechnung der durch den Druckwechsel hervorgerufenen Beanspruchungen ist deshalb so dringend wünschenswert, weil es nicht zulässig ist, daß von den durch den Stoß beim Schalenwechsel hervorgerufenen Kräften abgesehen wird. Schon bei einem Lager, welches in ordnungsmäßigem Zustande gehalten wird, sind diese oft recht beachtenswert. Bei einem Lager aber, welches nicht rechtzeitig nachgezogen wird und dann mit einem Spiel arbeitet, welches weit über das doppelte des normalen hinausgehen kann, entstehen Anstrengungen des gesamten Triebwerkes, von denen die Kurven auf Tafel IV eine Vorstellung geben, insofern sie das Gesetzmäßige der Vorgänge bei wachsendem Lagerspiel erkennen lassen.

---

wo P die »ideelle größte Stoßkraft« ist.

Es ist aber $\delta = c_0 P_0$ und $f = cP$, folglich

$$\frac{P_0 c_0 P_0}{2} = \frac{P c P}{2},$$

$$\frac{P_0}{P} = \frac{\sigma_0}{\sigma} = \text{konst.}$$

Daß diese Proportionalität bei Druckwechseln in den verschiedenen Kurbelstellungen nur annähernd eintreten wird, ist oben bereits erwähnt worden (vergl. S. 15 ff.).

E) Schlußbemerkungen.

Eine gute Kenntnis von den Vorgängen beim Druckwechsel wird den Konstrukteur mehr als bisher veranlassen, ihnen die erforderliche Beachtung zu schenken und durch eine zweckmäßige Beeinflussung der Arbeitsvorgänge im Zylinder (Wahl der Kompression, der Voreilung, des Zeitpunktes der Zündung usw.) sowie die Bemessung der hin- und hergehenden Massen, die Art der Kurbelversetzung und andere Mittel ungünstige Druckwechsel zu vermeiden, oder, wenn dieses nicht möglich ist, die den Stößen ausgesetzten Teile wenigstens entsprechend auszubilden und für eine zweckmäßige Oelzufuhr zu den Lagern zu sorgen. Eine andere Folge der Erweiterung unserer Kenntnisse auf diesem Gebiete wird sein, daß sich die Fälle verringern, in denen bei einem unruhigen und stoßenden Gange der Maschine oder bei ungewöhnlicher Abnutzung oder einer Zerstörung der Lager die Schuld ohne weiteres auf einen »falschen« Druckwechsel im Triebwerk geschoben wird, während in Wirklichkeit ganz andere Einflüsse dabei mitspielen. Solche sind z. B. in der mehr oder weniger großen Genauigkeit der »Abschnürung« der Maschine zu suchen, ferner in der Beschaffenheit der Zapfenoberflächen und des Lagermetalls, in der Art der Ausführung und des Aufpassens der Lager, in der Anordnung der Schmierung, den Eigenschaften des Oeles usw.

Eine wirklich ausreichende Aufklärung des so wichtigen Gebietes der durch Druckwechsel hervorgerufenen Stöße ist nur möglich, wenn aus der Praxis heraus zuverlässige Beobachtungen an gut ausgeführten Maschinen gesammelt und in Laboratorien — soweit möglich durch unmittelbare Ablesungen — an Versuchsmaschinen die durch die Stöße entstehenden Beanspruchungen verfolgt werden.

Hierbei kann man vielleicht den Spuren von Beauchamp-Tower [1]) folgen, indem der Druck zwischen Zapfen und Lager durch Messung der Spannung des Oeles bestimmt wird. Wenn es gelingt, den Verlauf der Oelpressungen in den Kreuzkopf- und Kurbelzapfenlagern durch Diagramme sichtbar zu machen, so würden zuverlässigere Rückschlüsse auf die tatsächlich auftretenden Stoßdrücke und Beanspruchungen gemacht werden können, als es bislang möglich ist.

Vielleicht gibt die vorliegende Arbeit einen Anstoß zu derartigen Versuchen.

[1]) The Engineer 1884 2. Halbjahr S. 434.

Festigkeitsversuche unter allseitigem Druck.

Von Dr. **Th. v. Kármán** in Göttingen.

Die Festigkeitsversuche unter allseitigem Druck, über die in den folgenden Zeilen berichtet werden soll, hatten den Zweck, zur Klärung der Frage beizutragen, durch welche Umstände die Elastizitäts- und Bruchgrenze beim allgemeinen Spannungszustand bestimmt wird. Die in der kontinentalen Praxis allgemein übliche, von St. Venant herrührende Berechnungsweise der auf zusammengesetzte Festigkeit beanspruchten Konstruktionsteile fußt bekanntlich auf der sogen. »Annahme der größten Dehnung«, während viele englische und amerikanische Ingenieure die auf der »Annahme der größten Spannung« fußende Rankinesche Formel benutzen. Beide Annahmen sind jedoch durch neuere Versuche in vielen Fällen als sicher unzutreffend erkannt worden, und die Mohrsche Theorie, die sie ersetzen sollte, fand bisher durch den Versuch auch keine ausreichende Bestätigung. Es sprechen zwar viele Versuche über die Elastizitätsgrenze bildsamer Stoffe (wie Kupfer, weiches Eisen, weicher Stahl) bei zusammengesetzter Beanspruchung zu ihren Gunsten, bezüglich spröder Körper stehen jedoch den Versuchen, die sie bekräftigen, auch solche gegenüber, die ihr entschieden widersprechen. So erscheint es als eine durchaus wichtige Aufgabe, zur Klärung dieser Frage, die von jeher als eine der am meisten umstrittenen in der Festigkeitslehre galt, durch Versuche beizutragen und insbesondere die Grundlagen der Mohrschen Theorie planmäßig zu prüfen

I. Die Festigkeitstheorien und die diesbezüglichen Versuche.

Da Versuchsergebnisse über die Abhängigkeit der Elastizitäts- und Bruchgrenze von der Art des Spannungszustandes bis zu der letzten Zeit nur recht spärlich vorlagen, war man gezwungen, den Festigkeitsberechnungen möglichst einfache, mehr oder weniger wahrscheinliche Annahmen zu Grunde zu legen. Nach der ältesten, allerdings sehr naheliegenden Annahme, die namentlich Lamé und Clapeyron[1]) auf die Berechnung von dickwandigen Rohren, als erstes Beispiel eines zusammengesetzten Spannungszustandes angewendet haben, wäre

[1]) Für die ältere Literatur vgl. des Verfassers Bericht in der Enzyklopädie der math. Wissenschaften Bd. IV Art. 27: »Festigkeitsprobleme im Maschinenbau«; ferner P. Roth, Die Festigkeitstheorien und die von ihnen abhängigen Formeln des Maschinenbaues. Zeitschrift für Math. u. Physik 1902. Ueber die Problemstellung selbst vgl. Föppl, Mitteilungen aus dem mech.-techn. Laboratorium München 27 (1900) S. 1 u. f.

dafür, ob ein Belastungszustand diesseits der Elastizitätsgrenze liegt, nur **die größte Hauptspannung** maßgebend; es würde danach der Elastizitätsgrenze je ein fester Wert der größten positiven und der größten negativen Hauptspannung entsprechen. Dies steht jedoch mit der allgemein bekannten Tatsache im Widerspruch, daß die Druckelastizitätsgrenze für allseitig gleichen Druck ($\sigma_1 = \sigma_2 = \sigma_3$) — wenn sie überhaupt erreicht werden kann — jedenfalls weit höher liegt als die für einseitigen Druck ($\sigma_1 > 0$, $\sigma_2 = \sigma_3 = 0$).

Auf der Annahme der größten Spannung fußt die sog. Rankinesche Formel, die von englischen und amerikanischen Ingenieuren zur Berechnung von Konstruktionsteilen, die auf zusammengesetzte Festigkeit, z. B. auf Verdrehung und Biegung, beansprucht werden, noch heute vielfach angewendet wird. Wie wir weiter unten sehen werden, kann diese Rechnungsweise bei bildsamen und zähen Stoffen durch Versuche überhaupt nicht begründet werden, und bei spröden Stoffen kann sie auch nur bei reinem Trennungsbruch in Betracht kommen.

Statt der größten Spannung führte St. Venant **die größte Dehnung** als Maß der Bruchgefahr in die Festigkeitsberechnungen ein. Er war der Ansicht, daß die Ueberschreitung der Elastizitätsgrenze bei bildsamen Stoffen und der Bruch bei spröden Stoffen durch einen bestimmten, und zwar stets positiven Betrag der spezifischen Längenänderung bedingt ist. So ist nach seiner Auffassung für die Druckfestigkeit bei einseitigem Druck die Querdehnung maßgebend, während bei allseitig gleichem Druck die Belastung beliebig gesteigert werden kann. In der Tat gaben einige ältere Versuche an Gußeisenkörpern für die Bruchdehnung beim Zugversuch und für die größte Querdehnung beim Druckversuch ungefähr gleiche Werte[1]). Dagegen steht der annähernd gleiche Wert der Zug- und Druckelastizitätsgrenze bei Schmiedeisen und weichem Stahl mit der ursprünglichen St. Venantschen Annahme offenbar im Widerspruch. Später wurde allerdings — namentlich von **Grashof** — außer der größten zulässigen positiven Dehnung ein besonderer Grenzwert für die negative Dehnung angenommen; die neueren Versuche über zusammengesetzte Beanspruchung zeigen jedoch, daß die Annahme auch in dieser Fassung durch die Tatsachen widerlegt wird.

Auf der Annahme der größten Dehnung — und zwar in der zweiterwähnten Form — fußt das in der kontinentalen Praxis allgemein verbreitete Rechnungsverfahren, nach welcher die sog. **»reduzierte Spannung«**, d. h. die mit dem Elastizitätsmodul multiplizierte größte Hauptdehnung, als Maß der Beanspruchung gilt. Für den Fall einer Zug- oder Druckspannung σ und einer in der darauf senkrechten Ebene wirkenden Schubspannung τ erhält man (m = Poissonsche Verhältniszahl)

$$\text{für die reduzierte Spannung } \sigma_{red} = \frac{m-1}{m} \frac{\sigma}{2} \pm \frac{m+1}{m} \sqrt{\frac{\sigma^2}{4} + \tau^2}$$

$$\text{und für die größte Spannung } \sigma_{max} = \frac{\sigma}{2} \pm \sqrt{\frac{\sigma^2}{4} + \tau^2}.$$

Da aber im allgemeinen der Elastizitätsgrenze weder ein stets gleicher Wert der größten Spannung noch ein solcher der größten Dehnung entspricht, so kann keine dieser Größen als richtiges Maß der Beanspruchung betrachtet werden.

---

[1]) Eine eigenartige Modifikation der St. Venantschen Vorstellung s. bei Mesnager, Congrès international des méthodes d'essai, Paris 1900 Bd. I S. 143.

Zu den beiden erwähnten Annahmen kann noch die »Annahme der größten Formänderungsarbeit« hinzugefügt werden, die von dem italienischen Mathematiker Beltrami vorgeschlagen wurde und auch einigen Nachklang in der technischen Literatur gefunden hat. Nach dieser Annahme würde für die Elastizitätsgrenze oder für die Bruchgrenze die in der Raumeinheit aufgespeicherte Formänderungsarbeit maßgebend sein. Gegen diese Theorie gilt zunächst derselbe einfache Einwand wie gegen die Annahme der größten Spannung. Bei einseitigem Druck beträgt nämlich die Arbeit, die in der Raumeinheit aufgespeichert wird $A_1 = \frac{\sigma^2}{2E}$, für allseitig gleichen Druck $A_2 = \frac{\sigma^2}{2E} \frac{3(m-2)}{m}$; würde daher der Elastizitätsgrenze ein bestimmter Wert der Formänderungsarbeit entsprechen, so müßten in den beiden Fällen die Spannungen an der Elastizitätsgrenze sich verhalten wie $1 : \sqrt{\frac{3(m-2)}{m}}$, d. h. $1 : \sqrt{1,5}$ für $m = 4$ und $1 : 1$ für $m = 3$. Dies trifft jedoch keineswegs zu. R. Girtler[1]) hat neuerdings die Beltramische Theorie durch die Annahme zu retten gesucht, daß m mit der Belastung abnimmt und dem Grenzwerte $m = 2$ zustrebt. Wenn dies auch vielleicht für außerordentlich hohe Drücke zutrifft, so ist die Aenderung der Verhältniszahl m innerhalb des Bereiches der gewöhnlichen Festigkeitsversuche sicher viel zu gering, um den Widerspruch zu lösen. Auch die Druckversuche, die Girtler zur Bekräftigung der Annahme ausführte, scheinen mir infolge der Unsicherheit in der Druckverteilung an den Druckplatten wenig überzeugend zu sein.

Während alle bisher erwähnten Theorien offenbar eine einfache Größe suchten, die als Maß der Bruchgefahr dienen sollte, liegt einer zweiten Gruppe von Festigkeitstheorien mehr eine physikalische Vorstellung über den Bruchvorgang zu Grunde; namentlich sehen diese Theorien sowohl die bleibende Formänderung als den Bruch wesentlich als Gleitvorgang an. Einen ersten Ansatz in dieser Richtung liefert die Coulombsche Theorie der Druckfestigkeit. Coulomb stellte sich den Bruchvorgang bei einseitigem Druck so vor, daß die Schubspannung ein Gleiten zustande zu bringen sucht, die Gleitung aber durch einen inneren Widerstand gehindert wird, den er sich etwa nach der Art der Reibung zwischen festen Körpern dachte. Jene Ebene, in der die Schubspannung zuerst den Reibungswiderstand übersteigt, wird zur Bruchfläche. Wenn man auch später die Vorstellung »innere Reibung« in diesem Sinne fallen ließ, so ist es trotzdem zweifellos, daß die Anregung zu der weiteren Entwicklung bis zu der Theorie von Mohr — die für uns heute in erster Linie in Betracht kommt — von der Coulombschen Theorie ausging. Aus diesem Grunde sei hier ihr Gedankengang — jedoch gleich verallgemeinert für den allgemeinen Spannungszustand — wiedergegeben[2]).

Wir betrachten einen homogenen Spannungszustand mit den drei Hauptspannungen σ_1, σ_2, σ_3. Nach der Coulombschen Auffassung liegt dieser Belastungszustand innerhalb der Elastizitätsgrenze, wenn in keiner der Ebenen, die wir durch den Körper durchlegen können, ein bleibendes Gleiten möglich ist. Ueber den Widerstand gegen Gleiten nimmt Coulomb an, daß er aus

[1]) Berichte der Kais. Akademie in Wien, 1907 S. 509.

[2]) Vgl. einen sehr beachtenswerten Aufsatz von Bouasse (Annales de physique et chimie Bd. 23, 1902) über die Coulombsche Theorie; ferner A. Mesnagers Bericht für den internationalen Kongreß für Physik, Paris 1900.

einem unveränderlichen — etwa durch die Kohäsion gelieferten — Betrage und aus einem dem Normaldruck auf die Gleitebene proportionalen Teile besteht. Die Bedingung des Gleichgewichtes lautet dann:

$$|\tau| < s_0 + f\sigma$$

wo s_0 dem festen Betrag und f den Reibungskoeffizienten, σ die Normalspannung, τ die Schubspannung bedeutet. Der Körper befindet sich innerhalb der Elastizitätsgrenze, wenn diese Bedingung für sämtliche Ebenen zutrifft; ist dagegen für irgend eine Ebene

$$|\tau| \geqq s_0 + f\sigma,$$

so tritt bleibende Formänderung oder Bruch ein.

Der Elastizitätsgrenze entspricht offenbar jener Spannungszustand, in dem zuerst in irgend einer Ebene $\tau = s_0 + f\sigma$ wird. Diese Ebene wird dann zur Gleit- oder Bruchfläche. Eine einfache Rechnung zeigt,

a) daß nur jene Ebenen in Betracht kommen, die zu der Ebene der größten und kleinsten Hauptspannung senkrecht stehen, so daß der Wert der mittleren Hauptspannung belanglos ist,

b) daß zwischen den äußersten Hauptspannungen die Beziehung bestehen muß:

$$\sigma_1 - \lambda\sigma_3 = C,$$

wo

$$\lambda = \operatorname{tg}^2\left(45^0 + \frac{\varrho}{2}\right)$$

$$C = 2 s_0 \operatorname{tg}\left(45^0 + \frac{\varrho}{2}\right)$$

und $f = \operatorname{tg}\varrho$ gesetzt wurde.

Diese zweifellos sinnreiche Betrachtung, die übrigens von Coulomb selbst nur auf den Fall des einfachen Druckversuches angewendet wurde, machte später Duguet zur Grundlage einer Festigkeitstheorie, wobei er allerdings die Gültigkeit der Theorie dadurch beschränkte, daß er für alle Stoffe oder wenigstens für alle Metalle denselben Wert für den Reibungskoeffizienten f vorschreiben wollte. Einen wichtigen Sonderfall der Coulombschen Theorie, entsprechend $f = 0$, bildet die »Annahme des größten Spannungsunterschiedes« (Maximum stress-difference theory [1])), d. h. die Annahme eines gleichbleibenden Unterschiedes der zwei äußersten Hauptspannungen, oder was auf dasselbe herauskommt, eines festen Wertes für die größte Schubspannung, $\left(\tau_{\max} = \frac{\sigma_1 - \sigma_3}{2}\right)$. Diese Annahme — die übrigens auch mit den bekannten Trescaschen Versuchen über das Fließen von festen Körpern in Einklang steht — hat in neuester Zeit an praktischer Bedeutung sehr gewonnen, weil sie für eine Reihe von bildsamen Metallen (Flußeisen, weicher Stahl, Kupfer) als ziemlich genau zutreffend erwiesen wurde. Da sie in der Mohrschen Theorie ebenfalls als einfachster Sonderfall enthalten ist, so sollen diese Versuche weiter unten besprochen werden.

Die Grundannahme der Mohrschen [2]) Theorie kann in dem Satze zusammengefaßt werden, daß die Elastizitäts- bezw. Bruchgrenze durch einen Grenzwert der Schubspannung festgelegt wird, welcher nur von der auf die Gleitebene wirkenden Normalspannung abhängig ist.

---

[1]) Thomson und Tait, Treatise on natural philosophy, Bd. II, S. 423.

[2]) Mohrs Arbeiten über den Gegenstand: Zivilingenieur Bd. 28 (1882) S. 113. Z. d. V. d. I. (1900) S. 1524. Abhandlungen aus dem Gebiete der techn. Mechanik. Berlin 1906, S. 167.

Die Mohrsche Theorie ist daher allgemeiner als die Coulombsche, da sie erstens keine innere Reibung annimmt, sondern nur soviel voraussetzt, daß die Möglichkeit einer bleibenden Formänderung irgendwie durch die Schub- und Normalspannung in der Gleitebene bestimmt sein muß; zweitens, weil sie dementsprechend keine Proportionalität der Schub- und Normalspannung, sondern nur eine allgemeine Abhängigkeit zwischen den beiden fordert. Die Ermittlung der Funktion $\tau = f(\sigma)$ soll für jeden Stoff den Versuchen überlassen werden.

Wie in dem Coulombschen Falle, können als Gleitebenen hier ebenfalls nur jene Ebenen in Betracht kommen, die senkrecht zu der Ebene der äußersten Hauptspannungen stehen, so daß die Elastizitätsgrenze von der mittleren Hauptspannung unabhängig ist. Man hat es also wesentlich mit einem ebenen (zweidimensionalen) Spannungszustand zu tun, der durch die Hauptspannungen σ_1 und σ_3 bestimmt ist. Für einen solchen Spannungszustand hat Mohr eine sehr anschauliche Darstellung gegeben, bei der er die auf dieselbe Ebene bezogene Normal- und Schubspannung zu Koordinaten wählte. Jedem Spannungszustand mit den Hauptspannungen σ_1 und σ_3 entspricht in dieser Darstellung ein Kreis, dessen Mittelpunkt in der Entfernung $\frac{\sigma_1 + \sigma_3}{2}$ auf der σ-Achse liegt und dessen Halbmesser gleich $\left|\frac{\sigma_1 - \sigma_3}{2}\right|$ ist. Den Koordinaten jeden Kreispunktes entsprechen je zwei zusammengehörige Werte der Normal- und Schubspannung, gegeben durch die Formeln

$$\sigma = \frac{\sigma_1 + \sigma_3}{2} + \frac{\sigma_1 - \sigma_3}{2} \cos 2\,\alpha$$

$$\tau = \frac{\sigma_1 - \sigma_3}{2} \sin 2\,\alpha,$$

wenn α die Neigung der Bezugsebene zu der Hauptspannung σ_1 ist. Ist nun die kritische Schubspannung als Funktion der Normalspannung durch die »Grenzkurve« $\tau = f(\sigma)$ gegeben, so bildet diese Kurve die Umhüllende sämtlicher Spannungskreise, die den Belastungszuständen an der Elastizitätsgrenze (»Grenzzustände«) entsprechen. Sämtliche Spannungskreise, denen Gleichgewichtzustände innerhalb der Elastizitätsgrenze entsprechen, liegen dann vollständig innerhalb der Grenzkurve. Mohr zeigte, daß man auch die Neigung der

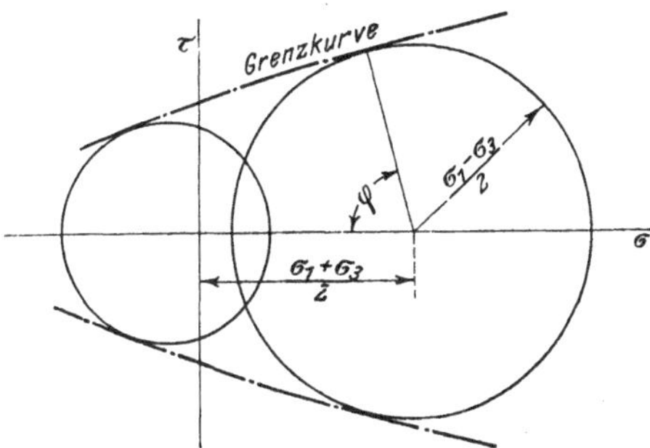

Fig. 1. Die Mohrsche Darstellung.

Gleitebenen mit Hülfe dieser Darstellung unmittelbar ermitteln kann: der spitze Winkel zwischen zwei zu den Hauptspannungen symmetrisch gelegenen Gleitebenen ist durch den Neigungswinkel φ der Normalen der Grenzkurve zu der σ-Achse gegeben (vgl. Fig. 1).

Der Coulombsche Fall ergibt sich nun als Sonderfall, wenn als Grenzkurven zwei Geraden $\pm \tau = s_0 + f\sigma$ gewählt werden. Ist insbesondere $f = 0$, d. h. sind die beiden Geraden parallel zu der σ-Achse, so haben wir den einfachsten Fall der unveränderlichen größten Schubspannung[1]).

Wie schon in den einleitenden Zeilen erwähnt wurde, sind Versuche sowohl für als gegen die hier dargelegte Mohrsche Theorie vorhanden.

Als Versuche zu Gunsten der Mohrschen Theorie kommen in erster Linie die seit etwa 1900 in England und in den Vereinigten Staaten zahlreich unternommenen Untersuchungen über zusammengesetzte Beanspruchung in Betracht. J. Guest[2]) hat als Versuchsgegenstand Rohre aus Flußeisen und Kupfer gewählt und bestimmt die Fließgrenze bei vereinigter Beanspruchung auf Zug und Verdrehung, Zug und Innendruck, Innendruck und Verdrehung. Diese Versuche wurden in neuester Zeit von W. Mason[3]) mit weichen Stahlrohren wiederholt. E. L. Hancock[4]) und W. A. Scoble[5]) unterwarfen massive Stäbe aus Kupfer, Flußeisen und weichem Stahl gleichzeitiger Biegung und Verdrehung. Schließlich ist eine ausgedehnte Versuchsreihe von Smith[6]) zu erwähnen, der hauptsächlich Zug und Druck mit Verdrehung vereinigte und ebenfalls Probestäbe aus weichem Stahl benutzte. Alle diese Versuche ergaben sehr stark veränderliche Werte sowohl für die größte Spannung als für die größte Dehnung an der Elastizitätsgrenze (bezw. Fließgrenze) — dagegen einen annähernd gleichbleibenden Wert für die größte Schubspannung oder für den Unterschied der beiden äußersten Hauptspannungen, und zwar unabhängig davon, wie groß die dritte Hauptspannung war. Nach diesen Versuchen würde sich die zulässige Schubspannung bei reiner Verdrehung zu der zulässigen Zugspannung bei reinem Zug verhalten wie 1 : 2, statt 0,7 : 1 nach der St.-Venantschen und 1 : 1 nach der Rankineschen Formel. Dieses Verhältnis der Schub- und Zugspannung wurde für bildsame Stoffe schon durch zahlreiche ältere Versuche bestätigt.

Die berichteten Versuche sprechen offenbar entschieden für die Mohrsche Auffassung, namentlich für die Richtigkeit der Annahme, daß die mittlere Hauptspannung unwesentlich ist. Da aber bei den untersuchten ausgesprochen bildsamen Stoffen stets der einfachste Fall vorlag, daß es nur auf die größte Schubspannung ankommt, so kann gerade der wesentlichste Punkt der Mohrschen Theorie: die Abhängigkeit der gefährlichen Schubspannung von der Normalspannung offenbar erst bei spröden Körpern hervortreten. Nun liegen bedauerlicherweise vergleichende Versuche an spröden Körpern nur in sehr geringer Anzahl vor, und die vorhandenen Versuchsergebnisse sind auch infolge der Schwierigkeiten, die bei Festigkeitsversuchen mit spröden Körpern auftreten, weit unsicherer. Man kann zunächst aus der älteren Literatur die vergleichenden Zug-, Druck- und Scherversuche Bauschingers[7]) an Zementwürfeln heranziehen. Wird die Mohrsche Grenzkurve durch zwei gerade

---

[1]) Als den anderen Grenzfall ($s_0 = 0$) erhält man die Bedingung für das Gleichgewicht einer kohäsionslosen Erdmasse.

[2]) J. Guest, Philosophical Magazine Bd. 50 (1900) S. 690.

[3]) W. Mason, Institution of mechanical engineers, Proceedings, 1909 S. 1205.

[4]) E. L. Hancock, Philos. Magazine Bd. 12 (1906) S. 418 und Bd. 15 (1908) S. 214.

[5]) W. Scoble, Philos. Magazine Bd. 12 (1906) S. 553.

[6]) C. A. M. Smith, Institution of mech. engineers. Proceedings 1910 S. 1237; daselbst auch Literaturübersicht.

[7]) Mitteilungen aus dem techn. mech. Laboratorium München, Heft 8 (1879).

Linien ersetzt, die die dem einfachen Zug- und Druckversuch entsprechenden Spannungskreise berühren, so besteht zwischen der Zug-, Druck- und Schubfestigkeit die Beziehung

$$\tau_{Schub} = {}^1/_2 \sqrt{\sigma_{Zug}\,\sigma_{Druck}}.$$

Vergleicht man diese Formel mit den Bauschingerschen Versuchsergebnissen, so ist zwar die Uebereinstimmung zwischen den Mittelwerten nicht gerade schlecht (die mittlere Abweichung beträgt etwa 8 vH), doch kommen darunter sehr große Abweichungen vor. Wenn man noch dazu die Unsicherheit berücksichtigt, die sowohl den Zug- als den Schubversuchen an Zementwürfeln anhaftet, so können diese Versuche kaum als entscheidend gelten. Von neueren Versuchen dürften die vergleichenden Zug-, Druck und Verdrehungsversuche von C. v. Bach[1]) an Gußeisenkörpern herangezogen werden, die mit den einfachen Beziehungen, die man aus der Mohrschen Theorie erhält, falls man die Grenzkurve wieder durch gerade Linien ersetzt, ebenfalls in leidlicher Uebereinstimmung stehen. Es muß jedoch betont werden, daß diese Uebereinstimmung einiger alleinstehender Festigkeitzahlen nicht viel beweist. Die Richtigkeit der Mohrschen Annahme kann vielmehr nur dadurch geprüft werden, daß man die Hauptspannungen in jeder möglichen Weise stetig ändert.

Von grundlegender Bedeutung sind die Versuche von Föppl[2]) an Steinen und Zementkörpern über den Einfluß der Art des Spannungszustandes auf die Bruchgrenze. Durch Vergleich der gewöhnlichen Druckfestigkeit ($\sigma_1 > 0$, $\sigma_2 = \sigma_3 = 0$) mit der »Umschlingungsfestigkeit« ($\sigma_1 = 0$, $\sigma_2 = \sigma_3 > 0$) suchte Föppl unmittelbaren Aufschluß über den Einfluß der mittleren Hauptspannung zu gewinnen; ist diese für die Bruchgefahr belanglos, so müssen offenbar Druckfestigkeit und Umschlingungsfestigkeit gleich groß ausfallen, da der ganze Unterschied darin besteht, daß die dritte Hauptspannung einmal der größten, zum zweitenmal der kleinsten Hauptspannung gleich ist. Nun ergaben die Versuche, daß die Umschlingungsfestigkeit und die gewöhnliche Druckfestigkeit ungefähr gleich groß ausfallen, wenn man zur Vermeidung der Reibung zwischen Versuchskörper und Druckplatte Schmiermittel einführt; bei ungeschmierten Druckflächen ist dagegen die Umschlingungsfestigkeit erheblich größer, als die Druckfestigkeit. Es fragt sich nun, ob man wirklich zu den richtigen Werten der Druck- und Umschlingungsfestigkeit gelangt, wenn man zwischen Probekörper und Druckplatten Schmiermittel einführt. Am sichersten ist es wohl, abzuwarten, wie die Umschlingungsversuche ausfallen, bei welchen der Umschlingungsdruck nicht durch feste Druckplatten, sondern durch Flüssigkeitsdruck ausgeübt wird. Ist dies aber der Fall, so würde die mittlere Hauptspannung tatsächlich ohne Einfluß sein.

Als Versuche, die entschieden gegen die allgemeine Gültigkeit der Mohrschen Theorie sprechen, kommen lediglich die auf Anregung und unter Leitung des Hrn. Prof. W. Voigt[3]) im Physikalischen Institut der Universität Göttingen durchgeführten Versuchsreihen in Betracht. Es wurden Zerreißversuche unter allseitigem Druck an spröden Körpern vorgenommen. Die Beobachtungen von Sella beziehen sich auf Steinsalzstäbchen; die von Januskiewicz auf ein

---

[1]) Berichte und Abhandlungen.

[2]) A. Föppl, Mitteilungen aus dem tech. mech. Laboratorium München, Heft 27 (1900).

[3]) Annalen der Physik Bd. 53 (1894) S. 43, Bd. 67 (1899) S. 452; ferner W. Voigt, Zur Festigkeitslehre, Annalen der Physik Bd. 4 (1901) S. 567. — Die Voigtschen Versuche wurden wiederholt von W. E. Williams, Philos. Magazine Bd. 15 (1908) S. 81.

Präparat aus Stearinsäure, Palmitinsäure und Paraffin. Bei Wahl des Versuchsstoffes war einerseits Homogenität der Präparate, anderseits möglichst vollkommene Sprödigkeit maßgebend. Der Versuch wurde in der Weise vorgenommen, daß der zwischen Zugköpfen eingefaßte Probekörper zuerst einem allseitig gleichen Druck unterworfen wurde; sodann wurde die axiale Spannung durch Federkraft solange vermindert, bis der Probekörper zerriß. Die Versuche ergaben für die Bruchgrenze einen stets gleichen Unterschied der Hauptspannungen (d. h. der axialen Spannung und des auf die Mantelfläche wirkenden Druckes), und zwar war dieser Unterschied annähernd gleich der Zugfestigkeit beim gewöhnlichen Zugversuch. Dieses Ergebnis würde an und für sich der Mohrschen Theorie noch nicht widersprechen; zieht man aber mit in Betracht, daß die Druckfestigkeit der untersuchten Körper ihre Zugfestigkeit 4- bis 5fach übertrifft, so ist es klar, daß die Bruchgrenze nicht nur von den beiden äußersten Hauptspannungen abhängen kann. In der Tat liefern die Spannungskreise, die zwei Zugversuche und den Druckversuch in Fig. 2 darstellen, keine Einhüllende, die die Bruchgrenze darstellen könnte.

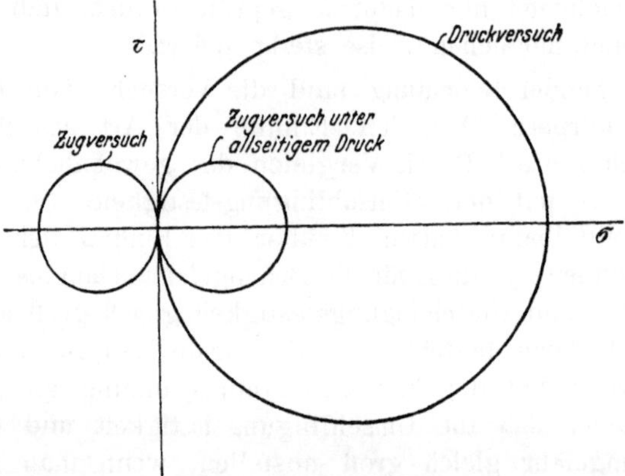

Fig. 2. Die Voigtschen Versuchsergebnisse in der Mohrschen Darstellung.

Wenn die Voigtschen Versuche die Mohrsche Theorie auch nicht widerlegen, so erscheint es doch sehr wahrscheinlich, daß nicht alle Bruchvorgänge durch die Mohrsche Annahme erklärt werden können[1]). Es ist überhaupt fraglich, ob im Wesen so verschiedene Vorgänge, wie einerseits der Bruch spröder Körper bei Zug und Verdrehung, andererseits der Bruchvorgang beim Druckversuch sich einer einheitlichen Gesetzmäßigkeit fügen können. Prof. Prandtl hat in einem vor der Versammlung der Naturforscher und Aerzte in Dresden 1908 gehaltenen Vortrage vorgeschlagen, zwei Arten des Bruches zu unterscheiden: den Gleitungs-(Verschiebungs-)bruch und den Trennungsbruch[2]). In der Tat lassen sich z. B. bei Gesteinen beide schon an der Verschiedenheit der Bruchflächen leicht erkennen: bei Trennungsbruch entstehen harte glänzende Bruchflächen, bei Glei-

[1]) Gewissermaßen gegen die Mohrsche Theorie sprechen auch die Versuche von H. Wehage über Zugbeanspruchung von Papierstreifen nach zwei senkrechten Richtungen, da er fand, daß die Zugfestigkeit durch die senkrechte (mittlere) Spannung vermindert wird. Z. d. V. d. I. 1890 S. 312; vgl. auch dieselbe Zeitschrift 1905.

[2]) Es ist bemerkenswert, daß die beiden Bruchvorgänge gewissermaßen schon Coulomb dadurch auseinanderhielt, daß er zu seiner oben dargestellten Bedingung für Gleitung die Bedingung $\sigma_{max} <$ konst. für positive (Zug-)Spannungen hinzufügte. Vgl. auch W. Thomson, Phil. Magazine Bd. 38, London 1869.

tungsbruch sind dagegen die Bruchflächen mit feinem Mehl bedeckt. Die Bruchflächen sind bei Trennungsbruch senkrecht zu einer der Hauptspannungen (vermutlich zu der größten Zugspannung), bei Verschiebungsbruch dagegen bilden sie einen schiefen Winkel mit den Hauptspannungen. Da nun der Mohrschen Theorie offenbar die Vorstellung des Verschiebungsbruchs zu Grunde liegt, so ist es sehr wahrscheinlich, daß sie auf den Gleitungsbruch beschränkt werden muß, während für den Trennungsbruch womöglich die größte Zugspannung allein maßgebend ist. Druck- und Zugfestigkeit dürfen dann, so wie in Fig. 2 geschehen ist, gar nicht verglichen werden.

Aus den bisherigen Versuchsergebnissen geht hervor, daß die Frage nach der Richtigkeit der Mohrschen Theorie keineswegs hinreichend geklärt ist. Den heutigen Stand der Frage können wir etwa folgendermaßen zusammenfassen:

a) Erstens erscheint es fraglich, wie weit sämtliche Bruchvorgänge sich der Mohrschen Theorie fügen. Namentlich entsteht die Frage, unter welchen Umständen Gleitungsbruch und unter welchen Trennungsbruch erfolgt. Und zugegeben, daß für den Gleitungsbruch die Mohrschen Annahmen zutreffen, welche Gesetzmäßigkeit ist für Trennungsbruch maßgebend?

b) Zweitens, auch für jene Fälle, in welchen zweifelsohne Gleitungsbruch oder bleibende Formänderung durch Gleitung entsteht, ist es fraglich, wie weit die Annahme eines mit der Normalspannung wachsenden Grenzwertes für die Schubspannung zutreffend ist. Namentlich hatte man in den Fällen, wo die Mohrsche Theorie unstreitbar richtig dasteht, d. h. bei bildsamen Stoffen, stets den einfachsten Fall der unveränderlichen größten Schubspannung vor sich gehabt. Da sind also Versuche mit spröden Körpern notwendig.

c) Drittens ist es fraglich, wie es um den Einfluß der mittleren Hauptspannung steht. Für bildsame Stoffe ist gezeigt worden, daß die Elastizitätsgrenze von der mittleren Hauptspannung unabhängig ist. Für spröde Körper sprechen die Föpplschen Versuche dafür, die Voigtschen Zerreißversuche unter allseitigem Druck dagegen. Hier ist also ebenfalls weitere Klärung der Anschauungen notwendig.

Die Anordnung der in den folgenden Zeilen zu berichtenden Versuche weicht von den meisten Versuchen über den zusammengesetzten Spannungszustand wesentlich ab. Der zusammengesetzte Spannungszustand wird zumeist durch Vereinigung von verschiedenen Beanspruchungsarten, wie Zug oder Druck mit Biegung, Biegung mit Verdrehung, Zug mit Innendruck usw. verwirklicht. Bei all diesen Versuchen hat man eine Spannungverteilung, die man nur rechnerisch und nur unter der Annahme der Gültigkeit des Hookeschen Gesetzes bis zur Fließgrenze (Bruch) ermitteln kann. Aus diesem Grunde wurde bei den hier zu berichtenden Versuchen — ähnlich wie bei den Zerreißversuchen von Voigt — ein möglichst gleichmäßiger Spannungszustand angestrebt, und zwar in der Weise, daß die zylindrischen Probekörper gleichzeitig einen bestimmten Flüssigkeitsdruck an der Mantelfläche und einer axialen Druckbeanspruchung unterworfen wurden. Namentlich läßt die Versuchseinrichtung, die weiter unten ausführlich beschrieben werden soll, zwei Reihen von Spannungszuständen verwirklichen, die in Fig. 3 schematisch dargestellt sind. Bei beiden Arten des Spannungszustandes sind zwei Hauptspannungen gleich, und zwar im Falle a) die beiden kleineren, im Falle b) die beiden größeren (falls man Druckspannungen mit positivem Vorzeichen rechnet). Die beiden Versuchsreihen sollen kurz als »Druckversuche bezw. Zugversuche unter allseitigem Druck« bezeichnet werden; in der ersten Reihe ist der gewöhnliche Druckversuch, in der zweiten Reihe der Föpplsche Umschlingungsversuch enthalten.

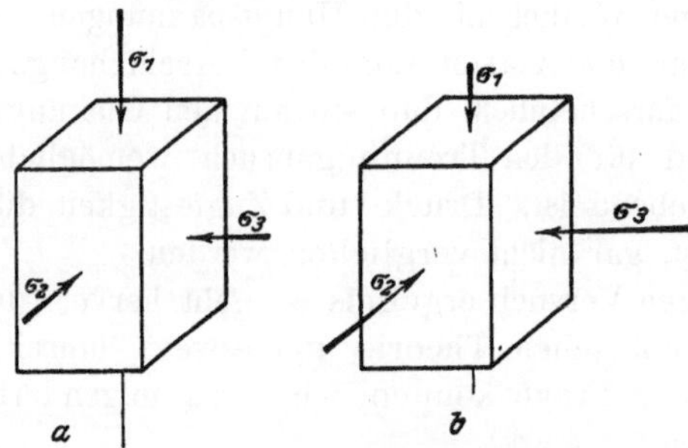

Fig. 8. Schema der Spannungszustände bei Festigkeitsversuchen unter allseitigem Druck.

Die Versuche lassen eine unmittelbare Prüfung der Mohrschen Annahmen zu: Ist die Annahme richtig, daß an der Elastizitätsgrenze die Schubspannung mit dem Normaldruck auf die Gleitebene wächst, so muß man eine Erhöhung der Druckfestigkeit durch den allseitigen Druck beobachten, d. h. eine Zunahme der axialen Spannung um einen bedeutend größeren Betrag als der hinzugefügte Manteldruck. Was ferner den Einfluß der mittleren Hauptspannung anbelangt, so vertreten die Zug- und Druckversuche unter allseitigem Druck zwei Grenzfälle, in denen die dritte Hauptspannung einmal gleich der größten, dann aber gleich der kleinsten Hauptspannung wird, so daß der Vergleich der beiden Versuchsreihen erweisen muß, ob die mittlere Hauptspannung einen Einfluß hat oder nicht. Schließlich lassen die Zugversuche entscheiden, unter welchen Umständen der Bruch entsprechend der Mohrschen Vorstellung durch Gleiten erfolgt, und unter welchen Umständen ein Trennungsbruch herbeigeführt wird.

Außer der Prüfung dieser Fragen, die sich lediglich an die Mohrsche Theorie anknüpfen, boten die vorgenommenen Versuche Gelegenheit zur Untersuchung der Aenderungen im Kleingefüge des Versuchstoffes, die mit der Ueberschreitung der Elastizitätsgrenze verbunden sind. Die diesbezüglichen mikroskopischen Untersuchungen gewinnen besonders dadurch an Bedeutung, daß man durch Anwendung des allseitigen Druckes auch bei sonst als spröde geltenden Stoffen eine bildsame Formänderung zu erzwingen vermag, so daß man die die spröden Körper kennzeichnenden Bruchvorgänge und das Fließen an einem und demselben Stoff beobachten kann.

In den folgenden Zeilen soll zunächst über die bisher abgeschlossenen ersten Versuchsreihen berichtet werden: es sind Druckversuche unter allseitigem Druck an Marmor- und Sandsteinkörpern. Wenn auch so die grundlegenden Fragen nach der Gültigkeit der Mohrschen Annahmen noch der endgültigen Entscheidung harren, so glaube ich doch, daß auch die bisherigen Ergebnisse manches zur Klärung der Ideen beitragen können.

Es ist mir eine angenehme Pflicht, Hrn. Prof. Dr. Prandtl für seine rege Anteilnahme, die er an dem Zustandekommen dieser Arbeit stets erwiesen hat, meinen innigsten Dank auszusprechen.

II. Die Versuchseinrichtung.

Die Versuchseinrichtung mußte so beschaffen sein, daß der auf die Mantelfläche des Probekörpers wirkende allseitige Druck — den man kurz als »Manteldruck« bezeichnen kann — und die axiale Kraft voneinander unabhängig verändert und gemessen werden können. Fig. 4 gibt ein schematisches Bild der Versuchsvorrichtung.

Der **Manteldruck** wird in der Weise ausgeübt, daß zunächst in dem Raume *a* durch eine Handpumpe Druck erzeugt und durch den Kolben *b* mit einer Uebersetzung von etwa 1 zu 25 auf den Raum *c* übertragen wird. Die beiden Räume *c* und *d* stehen durch die Bohrung des Gewindestückes *e* in Verbindung, so daß auf die Mantelfläche des Probekörpers der in dem Raume *d* erzeugte Druck wirkt. Als Druckflüssigkeit wurde für den Hochdruckraum Glyzerin gewählt, einerseits wegen seiner geringen Zusammendrückbarkeit, anderseits wegen seiner Dickflüssigkeit, die die Dichtung bedeutend erleichtert.

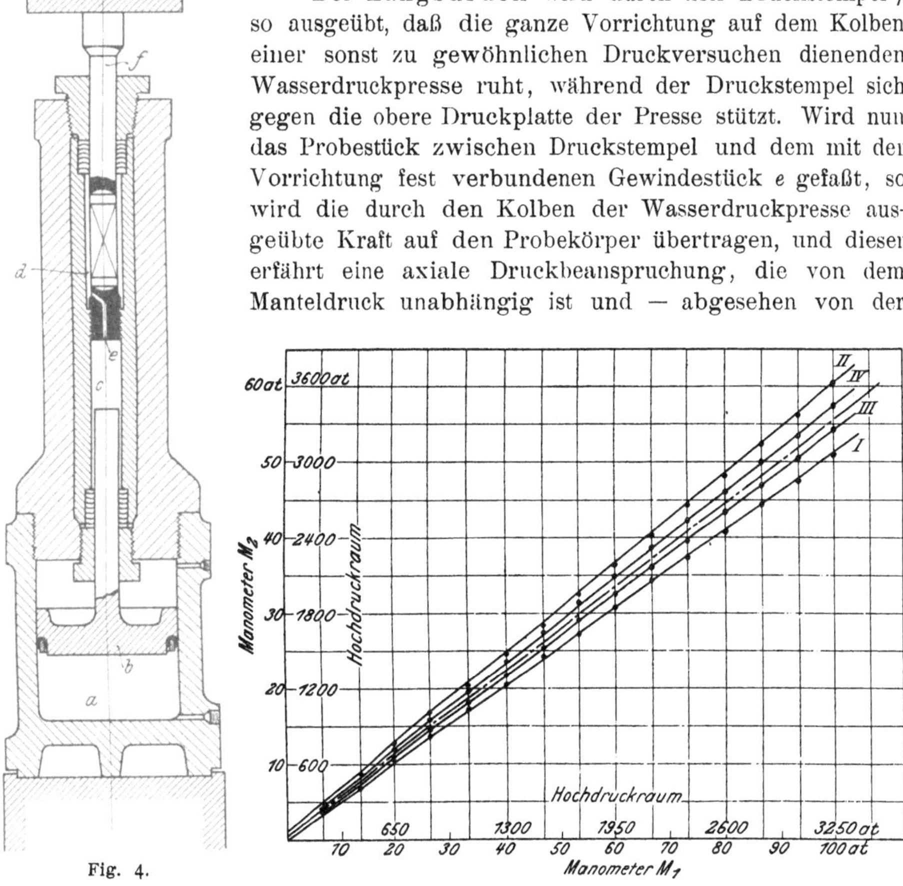

Fig. 4. Versuchsvorrichtung.

Fig. 5. Ermittlung der Reibungskräfte.

Der **Längsdruck** wird durch den Druckstempel *f* so ausgeübt, daß die ganze Vorrichtung auf dem Kolben einer sonst zu gewöhnlichen Druckversuchen dienenden Wasserdruckpresse ruht, während der Druckstempel sich gegen die obere Druckplatte der Presse stützt. Wird nun das Probestück zwischen Druckstempel und dem mit der Vorrichtung fest verbundenen Gewindestück *e* gefaßt, so wird die durch den Kolben der Wasserdruckpresse ausgeübte Kraft auf den Probekörper übertragen, und dieser erfährt eine axiale Druckbeanspruchung, die von dem Manteldruck unabhängig ist und — abgesehen von der Reibung in den Dichtungen — in derselben Weise wie bei gewöhnlichen Druckversuchen gemessen werden kann.

Die Versuchsvorrichtung wurde von Fried. Krupp A.-G. in Essen ausgeführt. Der Hochdruckzylinder — berechnet auf einen inneren Druck von 6000 at — besteht aus zwei warm aufeinander gezogenen Röhren von der Wandstärke 24 und 45 mm. Der Durchmesser des Hochdruckraumes beträgt 50 mm. Gewindestück und Druckstempel sind aus 4 vH Sonder-Nickelstahl angefertigt; die Elastizitätsgrenze des Nickelstahls liegt etwas über 10000 at, so daß die axiale Beanspruchung der Probekörper, die mit dem Druckstempel gleichen Durchmesser hatten, bis zu dieser Grenze gesteigert werden konnte.

Eine weitere Steigerung der Belastung ist noch dadurch möglich, daß der Durchmesser des Probekörpers kleiner genommen wird als der des Druckstempels.

Als Kraftmesser dienten zwei Flüssigkeitsmanometer (von der Firma Schäffer & Budenberg), von denen das eine an den Zylinder der Presse, das andere an den Raum *a* der Versuchsvorrichtung angeschlossen wurde. Die Kraftmessung wird wesentlich beeinflußt durch die Reibungskräfte, die an den Dichtungen der beiden Kolben *b* und *f* auftreten. Die Reibungsverhältnisse erwiesen sich jedoch bei näherer Untersuchung so regelmäßig, daß die Reibungskräfte mit großer Genauigkeit in Betracht gezogen werden konnten und die Sicherheit der Kraftmessung kaum verminderten.

Zur Bestimmung der Reibungskräfte wurde der Hochdruckraum völlig mit Glyzerin angefüllt und die Ablesungen an den beiden Manometern bei verschiedenen Bewegungsrichtungen der beiden Kolben verglichen. Es lassen sich insgesamt vier Bewegungszustände verwirklichen. Zunächst ergeben sich zwei Bewegungszustände, bei denen sich Kolben *b* und Druckstempel *f* zum Versuchzylinder nach derselben Richtung verschieben, so daß einmal der Kolben den Druckstempel (I in Fig. 5), dann der Druckstempel den Kolben (II) verdrängt. Außerdem hat man aber zwei weitere Bewegungszustände dadurch, daß man Kolben und Stempel sich gegeneinander bewegen läßt (III), bezw. beide gleichzeitig entlastet (IV). Infolge der ganz beträchtlichen Volumänderungen der Druckflüssigkeit bei den in Betracht kommenden hohen Drücken sind die Kolbenwege auch in diesen Fällen genügend groß, um einen wohlbestimmten Reibungszustand zu erhalten. Die entsprechenden Manometerablesungen, wie sie sich in den vier Bewegungszuständen ergeben, sind aus Fig. 5 ersichtlich: sie liefern die Reibungskräfte als Funktion des Druckes, der im Hochdruckraume herrscht. Bezeichnet man nämlich die Reibung zwischen der Druckvorrichtung und dem Kolben *b* mit R_1, die Reibung zwischen der Druckvorrichtung und dem ruhenden Teile der Presse (einschl. Stempel) mit R_2, so sieht man leicht ein, daß der Unterschied der Ordinaten der Linien I und II die doppelte Summe $2(R_1 + R_2)$, dagegen die Unterschiede zwischen den Ordinaten der Linien III und IV den doppelten Unterschied der Reibungskräfte $2(R_1 - R_2)$ liefern. Man sieht aus Fig. 5, daß die Reibung mit großer Genauigkeit dem Drucke proportional ist. Sie konnte bei Auswertung der Versuche sehr genau berücksichtigt werden, falls man nur dafür sorgte, daß stets ein bestimmter Bewegungszustand vorhanden war, d. h. während der Belastung bezw. der Entlastung kein Wechsel in dem Bewegungssinne der Kolben stattfand.

Die Reibungsverhältnisse blieben auch während der Dauer sämtlicher Versuche sehr regelmäßig und gleich, so daß aus einer Abweichung fast sicher auf irgend einen Fehler in den Dichtungen geschlossen werden konnte; nach Beseitigung der Störung trat der regelmäßige Zustand wieder ein. Da man bei Beginn jedes Versuches zuerst den allseitigen Druck herstellen mußte, ergab es sich von selbst, daß vor jedem Versuch die Reibungsverhältnisse neu geprüft wurden.

Die Messung der Formänderung geschah durch Mikrometerschrauben, die noch Unterschiede von 0,01 mm abzulesen gestatten; da im ganzen Verschiebungen von 10 bis 12 mm zu messen waren, so schien mir die Genauigkeit von 0,01 mm reichlich genügend. Es handelte sich auch nicht um die genaue Bestimmung von Elastizitätskonstanten, sondern hauptsächlich um Bestimmung der Fließgrenze und die Messung der Formänderungen jenseits der Elastizitätsgrenze. Die Mikrometerschrauben wurden auf der oberen Fläche der Druckvorrichtung befestigt; gemessen wurde die Entfernung dieser Fläche von der oberen Druckplatte der Festigkeitsmaschine an zwei gegenüberliegenden Stellen. Die elastische Formänderung der Vorrichtung und insbesondere des Stempels wurde dadurch ausgeschaltet, daß Druckversuche nach derselben Anordnung vorgenommen wurden, wobei an die Stelle des Probekörpers ein Stahlzylinder mit bekanntem Elastizätsmodul trat, welcher nur innerhalb der Elastizitätsgrenze beansprucht wurde.

Die Regelmäßigkeit der Formänderungskurven, Fig. 7 und 8, beweist jedenfalls die relative Zuverlässigkeit der Formänderungsmessung. Allerdings ist zu bemerken, daß in allen Fällen, wo der Probekörper ungleichmäßige Formänderung erlitt, die Messung nur einen Mittelwert über die Gesamtlänge des Probekörpers liefern kann.

Die Probestücke aus Marmor und Sandstein wurden auf den Durchmesser des Stempels und der beiden Kugelplatten (40 mm) sorgfältig abgedreht und manche auch poliert. Die Länge schwankt zwischen 100 und 110 mm. Bei Druckversuchen mit spröden Körpern liegt bekanntlich die Schwierigkeit vor, daß bei kurzen Probekörpern die Reibung an der Druckfläche die Festigkeit scheinbar erhöht, bei sehr langen Stücken dagegen, daß leicht Knicken eintritt. Die sehr ausgedehnten Versuche von Prandtl und Rinne[1]) ergaben als günstigstes Verhältnis zwischen Länge und Durchmesser $\frac{l}{d} = 2{,}5$ bis $3{,}5$. In diesem Bereiche ist die Druckfestigkeit schon sehr wenig abhängig von der Länge, und die Probestücke sind noch durchaus knicksicher. Es zeigt sich auch bei meinen Versuchen, daß, wenn zur ungleichförmigen Verteilung der Formänderung kein besonderer Grund vorliegt, der Einfluß der Druckplatte sich nur auf ihre unmittelbare Nachbarschaft beschränkt. Bei hohem Manteldruck erhält man z. B. trotz der Reibung an den Druckflächen eine fast gleichmäßige Zunahme der Dicke; es finden auch längs der Druckplatten ganz bedeutende Verschiebungen statt. Man kann wohl annehmen, daß in dem mittleren Teile der Spannungzustand praktisch gleichmäßig ist.

Schon die ersten Versuche zeigten, daß es durchaus notwendig ist, die Probestücke durch eine Schutzhülse vor dem Eindringen der Flüssigkeit in die Poren zu schützen. So wird bei dem allerdings sehr porösen Sandstein unter Umständen die Druckfestigkeit dadurch, daß das Eindringen der Flüssigkeit in die Poren verhindert ist, etwa auf den dreifachen Wert erhöht. Bei dem weniger porösen Marmor ist der Unterschied nicht so bedeutend; doch werden ohne Schutzhülse die äußeren Schichten, die der Wirkung der Druckflüssigkeit zunächst ausgesetzt sind, lamellenartig zerbröckelt, während die inneren Schichten ihre Tragfähigkeit einstweilen noch behalten, bis dann die Flüssigkeit den ganzen Körper durchdringt und der Bruch eintritt.

Die Schutzhülse wurde aus ausgeglühtem Messingblech von 0,1 mm Dicke hergestellt in der Weise, daß das Blech zunächst der Länge nach zu einer Hülse gelötet wurde, die knapp auf den Probekörper paßte und etwa 10 mm länger war als dieser. Die überstehenden Enden der Hülse wurden dann durch Lot an der Mantelfläche der Druckplatten abgedichtet. (Fig. 6.)

Es muß natürlich untersucht werden, wie weit die Blechhülse die Uebertragung des Mantel- und Längsdruckes beeinflussen kann. Um diesen Einfluß abschätzen zu können, wurden Zugversuche mit dem angewendeten Blech durchgeführt, die die Fließgrenze des Messings zu etwa 1500 at, die Zugfestigkeit zu

[1]) Vergl. F. Rinne, Neue Jahrbücher für Mineralogie Bd. 2 (1909) S. 121.

2500 at ergaben. Diese Grenzwerte entsprechen, wenn man sich die Hülse auf inneren Druck beansprucht denkt, bei der gegebenen Wandstärke einem Druckunterschiede von 7,5 bezw. 12,5 at zwischen der äußeren und inneren Mantelfläche, so daß der Fehler bei den angewandten hohen Manteldrücken meistens unter 1 vH bleibt und nur bei etwa 2 bis 3 Versuchen mit niedrigerem Druck bis 1,5 vH steigt. Ebenso gering ist die axiale Kraft, die die Blechhülse zu übertragen vermag, gegenüber der Längsbeanspruchung der Probekörper. Die Fließgrenze des Bleches wird bei etwa 200 kg axialer Belastung überschritten; diese Kraft liefert, verteilt auf den Querschnitt des Probestückes, einen größten Fehler von etwa 16 at in der Beanspruchung des Probekörpers.

Fig. 6. Probekörper in der Schutzhülse nach mäßiger Formänderung.

Bei den Versuchen zeigte sich das dünne Messingblech äußerst bildsam, folgte jeder Formänderung der Probestücke, und ganz selten traten Risse auf. Durch den äußeren Druck wurde das Blech — wie es zu erwarten war — so fest an die Oberfläche gedrückt, daß sozusagen eine Prägung entstand. Die abgetrennten Blechhülsen zeigen eine bis ins kleinste getreue Abbildung der Oberfläche des Probestückes.

Es mußte im Interesse einer genauen Kraftmessung bei der Durchführung der Versuche darauf geachtet werden, daß die Bewegungsrichtung der beiden Kolben bei fortschreitender Belastung beibehalten werde. Zuerst wurde der allseitige Druck im Hochdruckraume hergestellt und dann abgewartet, bis sich der entgegengesetzte, d. h. dem Kolbenrückgange entsprechende Reibungszustand eingestellt hatte. Dies zeigt sich zunächst durch einen Rückgang des den Manteldruck anzeigenden Manometerzeigers. Wurde dann mit dem Pressen begonnen, so blieb der Zeiger zunächst stehen, und stieg dann entsprechend der Zusammendrückung der Druckflüssigkeit durch Eindringen des Druckstempels allmählich. Um den Manteldruck stets gleich zu halten, wurde das Entlastungsventil der Handpumpe ganz wenig geöffnet, wodurch aber der unveränderte Bewegungssinn des Kolbens nur noch besser gesichert wurde. Bei Entlastung entstand in dem Hochdruckraum durch Rückgang der elastischen Formänderung des Probekörpers eine Druckerniedrigung; diese führte eine Bewegung des Kolbens *b* in dem entgegengesetzten Sinne herbei, so daß sich jetzt der entgegengesetzte Reibungszustand einstellte und während der Entlastung dauernd erhalten blieb.

III. Ergebnisse der Druckversuche.

Von den oben festgesetzten Gesichtspunkten aus sind besonders Versuche an spröden Stoffen von Bedeutung; so wurde zu den ersten Versuchsreihen, über die hier berichtet werden soll, als Versuchstoff Marmor (weißer Carraramarmor mit blauen Adern) und roter Sandstein (aus Mutenberg a. M.) gewählt. Marmor erschien hauptsächlich deshalb als Versuchstoff günstig, weil er bei den Versuchen von Prandtl und Rinne sehr gleichmäßige Werte für die Druckfestigkeit geliefert hat. Auch nach meinen Erfahrungen kommen bei den einzelnen Probekörpern, wenn sie aus demselben großen Block ausgeschnitten werden, größere Abweichungen als 3 bis 5 vH selten vor. Der rote Sandstein erwies sich an und für sich auch als sehr einheitlich, nur werden seine Festigkeitseigenschaften durch den Feuchtigkeitsgehalt ziemlich stark beeinflußt, so daß die Körper gleichmäßig getrocknet werden müssen.

Sämtliche Versuche wurden bei möglichst gleichbleibendem Manteldruck vorgenommen, so daß die Verkürzung als Funktion der wachsenden axialen Belastung gemessen wurde. Als »Belastung« kann bei diesen Versuchen unter allseitigem Druck sinngemäß der Unterschied der Hauptspannungen σ_1 (axialer Druck) und $\sigma_2 = \sigma_3$ (Manteldruck) betrachtet werden, und die Beziehung zwischen

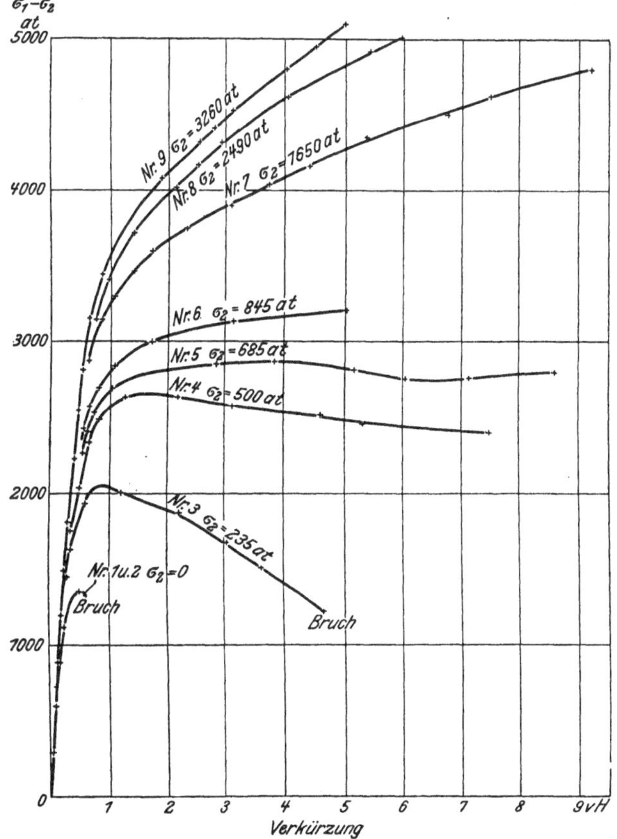

Fig. 7. Formänderungskurven des Marmors beim Druckversuch unter allseitigem Druck.

der so festgestellten Belastung und der spezifischen Längenänderung kann als »Formänderungskurve bei gegebenem Manteldruck« gelten. Die in diesem Sinne bestimmten Formänderungskurven des Marmors für verschiedene Werte des Manteldruckes zwischen $\sigma_2 = 0$ und $\sigma_2 = 3260$ at sind in Fig. 7 dargestellt. Das Formänderungsgesetz erscheint demnach als in hohem Maße abhängig von dem allseitigen Druck, unter welchem der Versuch vorgenommen wird. Namentlich erscheinen in stetigem Uebergang die drei Typen des Formänderungsgesetzes, die man sonst für spröde, plastische und zähe Stoffe kennzeichnend hält. So liefert Marmor bei dem gewöhnlichen Druckversuch die für spröde Stoffe eigentümliche Kurve (Nr. 1 und 2), bei der nach der elastischen Formänderung, die von einer bleibenden Formänderung von höchstens derselben Größenordnung begleitet wird, eine Höchstlast erreicht wird und unmittelbar darauf der Bruch erfolgt. Die Wirkung des wachsenden allseitigen Druckes besteht zunächst darin, daß der Bruch, der bei Kurve Nr. 1 fast unmittelbar nach Ueberschreiten der Höchstlast eintritt, bei Nr. 3 verzögert wird und erst nach beträchtlicher bleibender Formänderung erfolgt, die unter abnehmender Last vor sich geht. Etwa zwischen 700 bis 800 at Manteldruck wird der Zustand der »vollkommenen Bildsamkeit« erreicht, d. h. die Formänderung erfolgt unter annähernd unveränderlicher Belastung. Wird der Manteldruck noch weiter gesteigert, so gelangt man in den Bereich, wo die Formänderung nunmehr nur unter zunehmender Belastung vor sich geht. Gleichzeitig bemerkt man aber, daß der Einfluß der

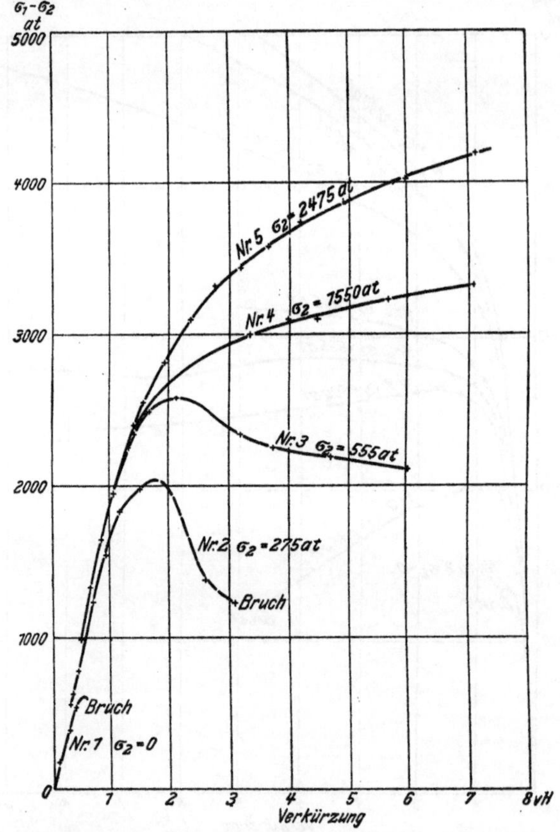

Fig. 8. Formänderungskurven des Sandsteins unter allseitigem Druck.

Steigerung des Manteldruckes allmählich abnimmt: so sind die Kurven für $\sigma_2 = 1650$ at und $\sigma_2 = 2490$ at noch wesentlich verschieden, dagegen bringt eine weitere Steigerung des Manteldruckes um einen ungefähr ähnlichen Betrag auf 3260 at keine bemerkenswerte Aenderung mehr.

Zu ähnlichen Ergebnissen führten die Versuche mit Sandstein, deren Ergebnisse Fig. 8 veranschaulicht.

Als erstes qualitatives Ergebnis können wir daher feststellen, daß das Formänderungsgesetz von dem Manteldruck in der Weise abhängig ist, daß **bei niedrigem Manteldruck die Formänderung unter abnehmender, bei hohem Manteldruck unter zunehmender Belastung vor sich geht. Dazwischen liegt eine Grenze, wo die Belastung während der fortschreitenden Formänderung unverändert bleibt.**

Was nun die quantitative Auswertung der Formänderungskurven anbelangt, so ist wohl die wichtigste Frage die, in welcher Weise die Elastizitätsgrenze von dem allseitigen Druck abhängt. Um dies ermitteln zu können, müssen wir jedoch erst gewisse Vereinbarungen treffen, welchen Punkt der Formänderungskurve wir als Elastizitätsgrenze ansehen wollen.

Es muß zunächst bemerkt werden, daß es eine Elastizitätsgrenze in dem Sinne, daß innerhalb derselben alle Formänderungen vollkommen umkehrbar sind, überhaupt nicht gibt. Mit Hülfe von genügend genauen Meßgeräten kann man vielmehr neben der elastischen stets eine bleibende Formänderung nachweisen. Zieht man den verwickelten Aufbau der für technische Zwecke in Betracht kommenden Stoffe in Erwägung, so ist dies kaum anders zu erwarten. Eine ausgeprägte Elastizitätsgrenze würde eben nur bei einem völlig gleichartigen, in seinen kleinsten Teilen isotropen Stoff oder bei vollkommen homogenen Kristallen möglich sein.

Demzufolge habe ich bei Auswertung der hier zu berichtenden Versuche im Einklang mit manchen anderen Forschern[1]) als »Elastizitätsgrenze im weiteren Sinne«, etwa als »Grenze der vornehmlich elastischen Formänderungen«, falls beträchtliche bleibende Aenderungen unter gleichbleibender oder sanft zunehmender Belastung auftraten, die »Fließgrenze«, falls aber die Formänderungskurve einen Höchstwert der Belastung aufwies, den diesem Höchstwert entsprechenden Spannungszustand betrachtet. Die Fig. 6 und 7 zeigen, daß die beiden Grenzen — Fließgrenze und Höchstwert der Belastung — stetig in einander übergehen. Ich glaube, daß man berechtigt ist anzunehmen, daß diese Grenzzustände für die Ueberschreitung der Elastizitätsgrenze in dem Sinne wirklich maßgebend sind, daß die vorangehenden bleibenden Aenderungen vornehmlich örtlichen Formänderungen infolge der Ungleichartigkeit des Stoffes zuzuschreiben sind und daß die bleibende Formänderung sich erst in diesen Grenzzuständen über den Probekörper ausbreitet.

Die Fließgrenze soll durch erhebliche Zunahme der Formänderungen unter gleichbleibender oder wenigstens unter schwach steigender Belastung bestimmt werden. Bei Versuchen unter sehr hohem Manteldruck findet man keine ausgeprägte Grenze dieser Art; in diesen Fällen könnte man eine Grenze nur mit mehr oder weniger Willkür festlegen. Wir wollen in solchen Fällen keine eigentliche Elastizitätsgrenze festlegen, sondern begnügen uns damit, daß wir die Belastungszustände vergleichen, die dieselbe bleibende Formänderung hervorrufen.

Da bei sämtlichen bisherigen Versuchen zwei Hauptspannungen, und zwar stets die kleineren gleich groß waren, so lassen sich auf den Einfluß der mittleren Hauptspannung bisher keine Schlüsse ziehen. An und für sich wurde aber die Mohrsche Vorstellung von der Elastizitätsgrenze sehr schön bestätigt.

Beschränken wir uns zunächst auf jene Versuche, in denen ein Höchstwert der axialen Spannung oder ein ausgeprägtes Fließen unter gleichbleibender oder sanft steigender Belastung beobachtet wurde, und bezeichnen wir als Elastizitätsgrenze sinngemäß den entsprechenden Wert der Belastung, d. h. den Unterschied der Hauptspannung, so gelangen wir zu den Zahlentafeln 1 und 2, die die Elastizitätsgrenze ($\sigma_1 - \sigma_2$) als Funktion des Manteldruckes ($\sigma_2 = \sigma_3$) angeben. Die Werte zeigen zunächst eine Steigerung der Elastizitätsgrenze mit

[1]) Vergl. insbesondere die in Kap. I angeführten englischen Arbeiten.

Zahlentafel 1. Marmor.

Nr. des Probekörpers	Manteldruck $\sigma_2 = \sigma_3$ at	Elastizitätsgrenze $\sigma_1 - \sigma_2$ at
1 und 2	0	1360
3	235	2100
4	500	2650
5	685	2880
6	845	3210
7	1650	3900

Zahlentafel 2. Sandstein.

Nr. des Probekörpers	Manteldruck $\sigma_2 = \sigma_3$ at	Elastizitätsgrenze $\sigma_1 - \sigma_2$ at
1	0	690
2	280	2040
3	555	2580
4	1550	3300

wachsendem Manteldruck, wie dies am besten aus der Fig. 9 ersichtlich ist. Man kann natürlich auch die entsprechenden »Grenzkurven« nach der Mohrschen Darstellung zeichnen, wie dies in den Fig. 10 und 11 geschehen ist. Die einzelnen Kreise entsprechen den beobachteten Spannungszuständen. Es zeigt sich, daß — wie es von Mohr angenommen wurde — der Elastizitätsgrenze ein

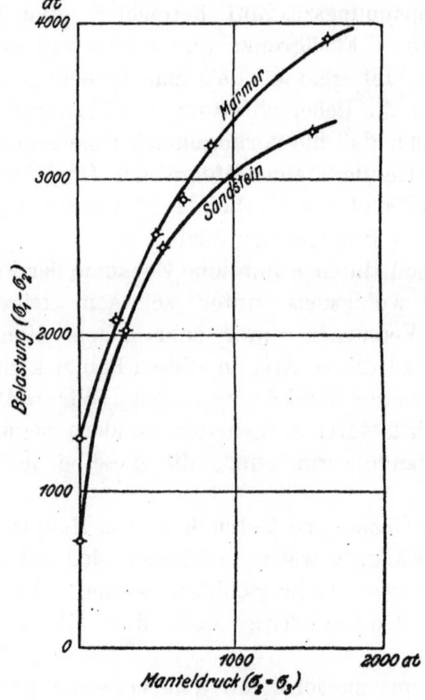

Fig. 9. Die Elastizitätsgrenze ($\sigma_1 - \sigma_2$) als Funktion der Manteldrücke ($\sigma_2 - \sigma_3$) bei Marmor und Sandstein.

mit der Normalspannung wachsender Wert der Schubspannung entspricht, der dann bei großen Werten des Normaldruckes augenscheinlich einem festen Grenzwerte zustrebt. Die Feststellung dieses Grenzwertes stößt allerdings auf die vorher erwähnte Schwierigkeit, daß unter hohem allseitigem Druck keine ausgeprägte Fließgrenze mehr beobachtet werden kann. Man kann sich aber über diese Schwierigkeit dadurch hinweghelfen, daß man die Umhüllenden von Spannungskreisen zeichnet, die denselben bleibenden Verkürzungen entsprechen. Es zeigt sich dann, daß diese Kurven in der Tat in wagerechte Geraden übergehen (τ = konst), so daß unter sehr hohem allseitigem Druck das Auftreten von bleibenden Formänderungen nur von dem Unterschiede der Hauptspannungen $\sigma_1 - \sigma_2 = \sigma_1 - \sigma_3$ abhängt; Belastungszustände, bei denen dieser Unterschied derselbe bleibt, sind dann sozusagen gleichwertig.

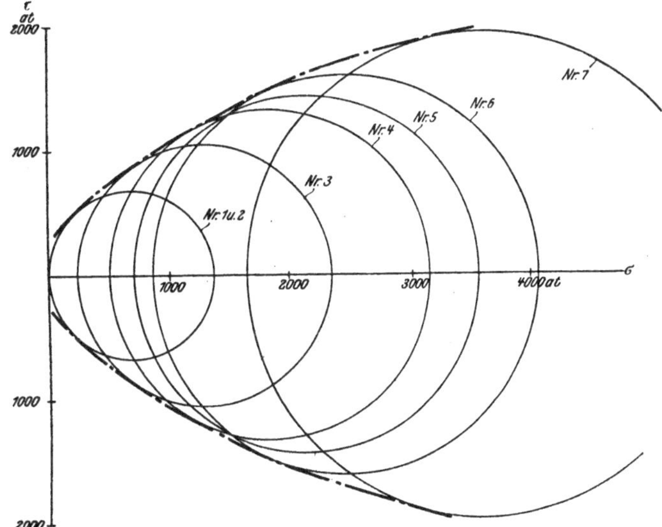

Fig. 10. Elastizitätsgrenze des Marmors in der Mohrschen Darstellung.

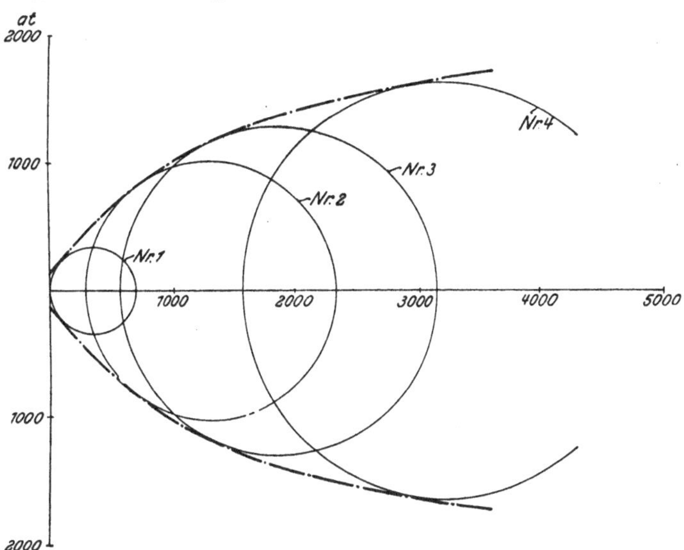

Fig. 11. Elastizitätsgrenze des Sandsteins in der Mohrschen Darstellung.

Mithin wird in dem Bereiche der hohen allseitigen Drücke nur der größte Spannungsunterschied, oder die größte Schubspannung maßgebend, d. h. unter sehr hohem allseitigem Druck fügen sich die von uns untersuchten spröden Stoffe derselben Gesetzmäßigkeit, die für zähe Metalle bei gewöhnlichen Druckverhältnissen als geltend erkannt wurde.

Eine weitere Bekräftigung der Mohrschen Auffassung liefert die Neigung der Risse und Faltungen, die an der Oberfläche der namentlich unter niedrigem

Manteldruck beanspruchten Probekörper erscheinen und offenbar an die an Metallen beobachteten Fließfiguren erinnern. Diese sollen nach der Mohrschen Auffassung die Spuren jener zur Oberfläche normalen Ebenen darstellen, längs deren die ersten bleibenden Gleitungen erfolgen. Auf dieser Grundlage kann man den Winkel, den

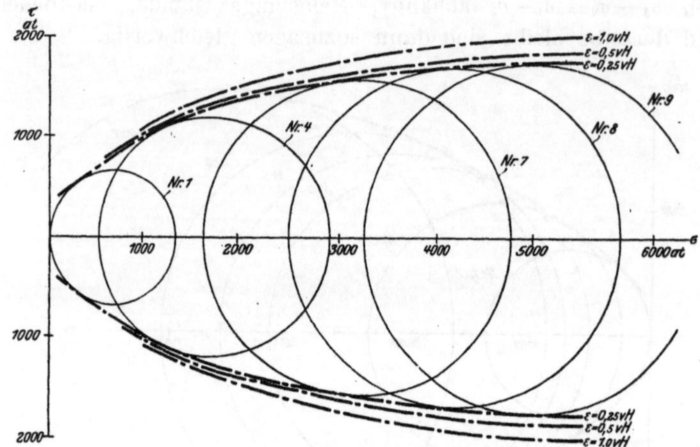

Fig. 12. Kurven gleicher bleibender Dehnung in der Mohrschen Darstellung (Marmor).

die an den Probekörpern beobachteten und zu der Druckrichtung symmetrischen Linienscharen einschließen, mit den durch die Theorie gelieferten Werten vergleichen. In der Mohrschen Darstellung wird — wie es schon erwähnt wurde — der spitze Winkel zwischen zwei Gleitflächen durch den Winkel zwischen der Normalen der Grenzkurve und der σ-Achse gegeben, so daß er aus den durch Versuch festgestellten Grenzkurven entnommen werden kann. Der Vergleich zwischen Theorie und Beobachtung führt zu den Zahlentafeln 3 und 4, und zwar sind dabei die beiden

Zahlentafel 3. Marmor.

Manteldruck at	φ gemessen ohne Reduktion °C	φ gemessen reduziert °C	φ berechnet °C
0	54	54	53
235	59	58	58
500	72	65	63
685	83	70	73

Zahlentafel 4. Sandstein.

Manteldruck at	φ gemessen ohne Reduktion °C	φ gemessen reduziert °C	φ berechnet °C
0	38	38	40
280	70	69	63
555	82	73	70

letzten Spalten einander gegenüberzustellen, da die an den Probekörpern unmittelbar gemessenen Winkel erst auf die Gestalt der Probekörper bei Ueberschreitung der Elastizitätsgrenze — die sich übrigens von der ursprünglichen Gestalt nur unwesentlich unterscheidet — umgerechnet werden müssen. Zu diesem Zwecke wurden die Probekörper vor dem Versuch mit Teilung versehen. Die Uebereinstimmung zwischen berechneten und gemessenen Werten darf mit Rücksicht auf die durch Reduktion bedingte Unsicherheit als recht befriedigend bezeichnet werden. Man ist dabei auf die Versuche unter niedrigem Manteldruck beschränkt, da diese Oberflächenerscheinungen überhaupt nur unter niedrigem Manteldruck auftraten, d. h. so lange, bis die Formänderung unter abnehmender Belastung vor sich ging. Wie die Entstehung der Oberflächenzeichnungen mit dem Formänderungsgesetz zusammenhängt, soll weiter unten näher erörtert verden.

Die bildsame Formänderung des Marmors und mancher anderen spröden Körper unter hohem allseitigem Druck ist an und für sich keine neue Tatsache. Es muß vor allem auf die berühmten Arbeiten von A. Heim über den Mechanismus der Gebirgsbildung hingewiesen werden, die auf der Annahme fußen, daß die Gesteine unter hohem allseitigem Drucke bruchlos dauernd deformiert werden können. F. Kick[1]) hat den unmittelbaren Beweis durch seine bekannten Versuche für eine Reihe von spröden Körpern erbracht. Bei den Kickschen Versuchen blieb aber der Spannungszustand, unter welchem diese Formänderung vor sich ging, unbekannt, da der seitliche Druck teilweise durch festen Umschluß, teilweise durch halbfeste Stoffe, wie Stearin, übertragen wurde und so die Art der Druckübertragung nicht bekannt war. So können diese an und für sich sehr schönen Versuche zur Klärung der grundlegenden Frage der Abhängigkeit der Elastizitätsgrenze von der Art des Spannungszustandes nicht herangezogen werden[2]).

Einige plastisch deformierte Marmorkörper sind in Fig. 14 und 15 dargestellt, während Fig. 13 einen Marmorkörper nach gewöhnlichem Druckversuch vorstellt. Fig. 16 zeigt einen Sandsteinkörper nach gewöhnlichem Druckversuch und einen andern von derselben ursprünglichen Länge, der bleibend zusammengedrückt wurde.

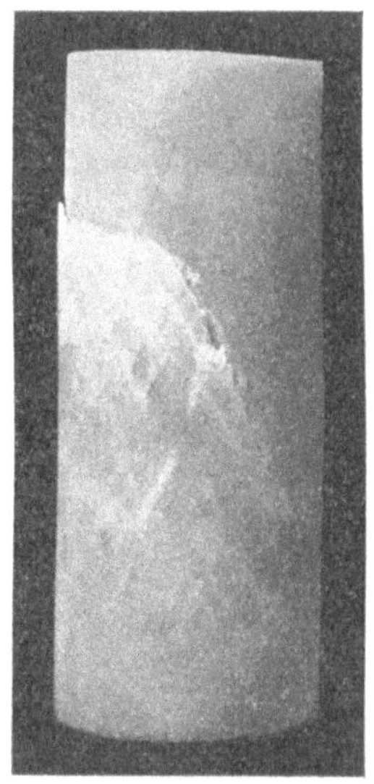

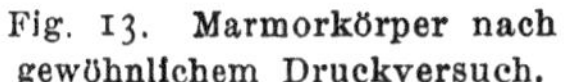

Fig. 13. Marmorkörper nach gewöhnlichem Druckversuch.

Fig. 14. Marmorkörper, plastisch zusammengedrückt unter 1650 at Manteldruck; rechts der Probekörper vor dem Versuch.

[1]) F. Kicks Arbeiten über den Gegenstand, Z. d. V. d. I. Bd. 36 (1892) S. 278 und S. 919, ferner vergl. Z. d. öst. Ingenieur- und Architektenvereines 1891 Heft 1.

[2]) Derselbe Einwand bezieht sich auch auf die vom geologischen Standpunkte aus zweifellos sehr wertvollen Versuche von Adams und Nicolson. Philos. Trans. 1901.

Die bildsame Formänderung unserer Probekörper ging durchaus ohne Veränderung der Dichte vor sich und unter genügend hohem Manteldruck — besonders bei Marmor — fast ohne Lockerung des Gefüges. Probekörper, die unter 2500 bis 3000 at Manteldruck 6 bis 9 vH Längenänderungen erfahren hatten, zeigten, nochmals abgeschliffen und einem normalen Druckversuch unterworfen, eine Verminderung der ursprünglichen Druckfestigkeit um nur etwa

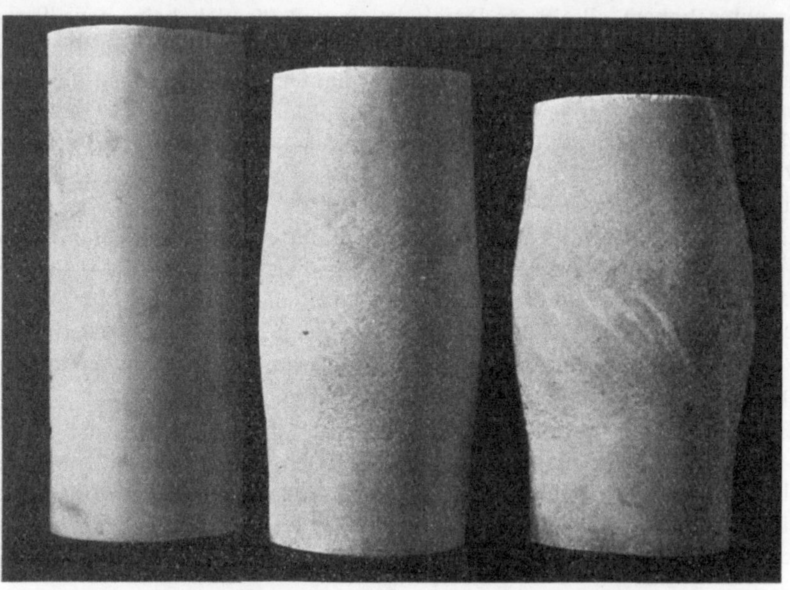

Fig. 15. Marmorkörper von ursprünglich gleicher Gestalt, plastisch zusammengedrückt unter 685 und 500 at Manteldruck; links ein Probekörper vor dem Versuch.

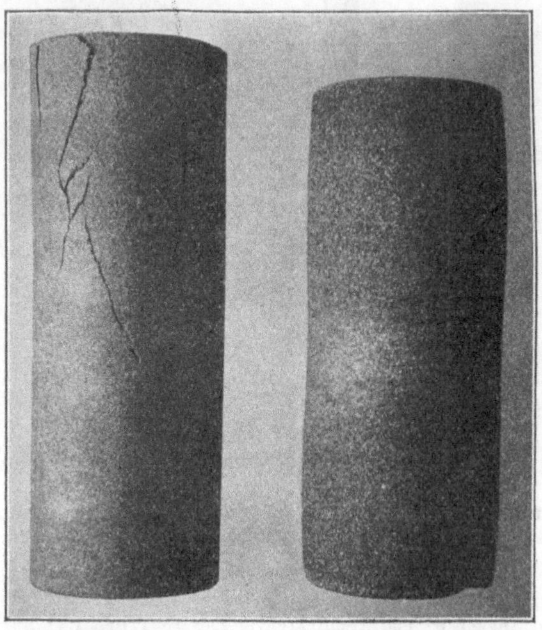

Fig. 16. Plastische Formänderung des Sandsteins (links Sandsteinkörper nach gewöhnlichem Druckversuch, rechts nach Druckversuch unter 2475 at Manteldruck).

15 bis 20 vH. Die so behandelten Probestücke haben an Durchsichtigkeit durchaus verloren und zeigen eine blendend weiße Farbe. Gestalt und Oberfläche der Probekörpes ist jedoch wesentlich verschieden, je nachdem die Formänderung unter hohem allseitigem Druck und dementsprechend unter steigender axialer Belastung oder aber unter niedrigem allseitigem Druck und demzufolge unter abnehmender axialer Belastung vor sich ging. Der Unterschied äußert sich zunächst darin, daß die Verteilung der Formänderung im ersten Falle viel gleichmäßiger ist als im zweiten Falle. Die unter hohem Manteldruck gepressten Probekörper zeigen eine der Länge nach fast gleichmäßig verteilte Verdickung, die nur in der unmittelbaren Nachbarschaft der Druckplatten offenbar etwas durch Reibung gehindert wird; dagegen beschränkt sich die Formänderung bei den unter niedrigem Manteldruck beanspruchten Probekörpern fast ausschließlich auf den mittleren Teil des Zylinders (vgl. Fig. 17). Dies kann aber auf

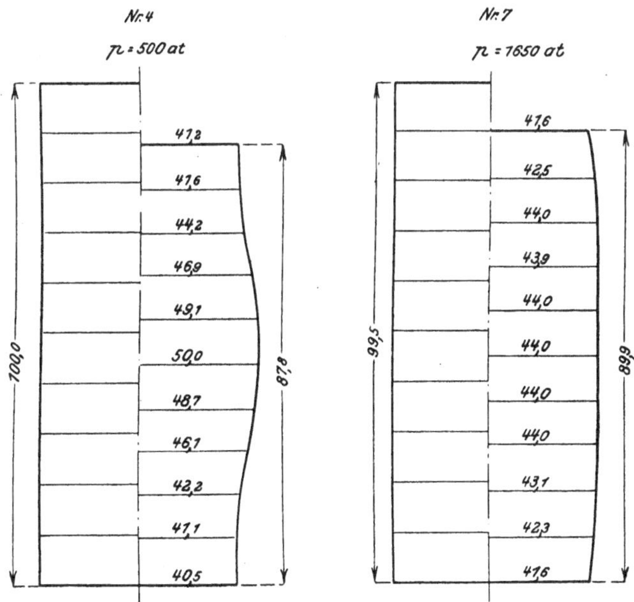

Fig. 17. Abmessungen zweier plastisch beanspruchter Marmorkörper (Nr. 4 unter abnehmender, Nr. 7 unter zunehmender Belastung).

Grund des Formänderungsgesetzes unschwer erklärt werden. Wird nämlich die Elastizitätsgrenze durch die Beanspruchung erniedrigt, wie dies der Fall ist, wenn die Formänderung unter abnehmender Last vor sich geht, so wird sich die Formänderung, sobald die Elastizitätsgrenze an einer Stelle infolge Ungleichartigkeit des Stoffes oder der Spannungverteilung etwas früher überschritten wird, auf diese Stelle oder auf ihre Nachbarschaft beschränken, da die betreffende Stelle durch die Formänderung nur noch mehr an Widerstandsfähigkeit verliert, die anderen Teile der Körper aber außer der Nachbarschaft, die durch diese örtliche Formänderung noch in Mitleidenschaft gezogen wird, infolge der Abnahme der Belastung die Elastizitätsgrenze gar nicht erreichen. In dem vorliegenden Falle genügt die durch den Einfluß der Reibung an den Druckflächen hervorgerufene Ungleichförmigkeit der Spannungverteilung, um die Formänderung wesentlich auf den mittleren Teil des Probekörpers zu beschränken. Dagegen wird bei steigender Formänderungskurve, d. h. in allen Fällen, wo die bleibende Formänderung den Stoff verfestigt, eine örtliche Formänderung gerade als ausgleichend auf Spannungverteilung und Materialfehler wirken; dementsprechend erfahren die Probekörper eine annähernd gleichmäßige Formänderung. Als Bedingung der gleichmäßigen Formänderung gilt daher, wie dies übrigens aus der Theorie der bei den Zugversuchen beobachteten Einschnürung wohl bekannt ist, die Zunahme der spezifischen Belastung bei zunehmender Formänderung; die Abnahme der Belastung bei fortschreitender Formänderung führt beim Zug auf örtliche Einschnürungen, bei Druck zur örtlichen Ausbauchung[1]).

Durch den Charakter des Formänderungsgesetzes wird auch die Möglichkeit zur Entstehung von Fließfiguren und sonstigen Unebenheiten der Oberfläche bedingt. Nimmt man die Mohrsche Vorstellung als richtig an, so erscheint es als sehr wahrscheinlich, und in einfachen Fällen kann sogar durch weitergehende theoretische Untersuchungen berechnet werden, daß eine örtliche Ueberschreitung der Elastizitätsgrenze sich zunächst längs der Gleitflächen fortpflanzt. Hat man daher eine »Fehlerstelle« an oder in der Nähe der Oberfläche, so entstehen an der Oberfläche zwei Streifen, die die Richtung der Gleitflächen verfolgen und die stärker beansprucht werden als die übrigen Teile des Körpers. Es ist nun klar, daß, solange die Formänderung das Material verschwächt, diese einmal stärker beanspruchten Streifen an Widerstandsfähigkeit mehr und mehr verlieren, und die Verzerrung innerhalb dieser Streifen kann in solchem Maße zunehmen, daß Risse oder bei sanfter abnehmendem Formänderungsgesetz Faltungen entstehen, während die übrigen Teile des Probekörpers weit weniger beansprucht bleiben. Nimmt dagegen die Elastizitätsgrenze durch die Formänderung zu, so werden die durch einen Materialfehler zunächst in Mitleidenschaft gezogenen Streifen im Gegenteil gefestigt, und infolgedessen wird sich der Einfluß der Fehlerstelle, so wie dies innerhalb der Elastizitätsgrenze der Fall ist, auf die unmittelbare Nachbarschaft beschränken.

Dementsprechend zeigen alle Probekörper, die bei steigender Belastung — d. h. unter hohem Manteldruck — beansprucht wurden, eine vollkommen glatte Oberfläche (vgl. Fig. 14), dagegen erscheinen an der Oberfläche der bei abnehmender Belastung — unter niedrigem Manteldruck — beanspruchten Probekörper oft sehr ausgeprägte Oberflächenzeichnungen, die bei rasch abnehmendem Formänderungsgesetz in feine Risse ausarten (vgl. Fig. 18 bis 21).

Mit dieser Auffassung scheint die bekannte Tatsache, daß gerade bei gewissen Metallen, die durch die bleibende Formänderung durchaus gefestigt werden, oft sehr schön ausgeprägte Fließfiguren erscheinen, in Widerspruch zu stehen. Dieser scheinbare Widerspruch wird aber gelöst durch die Beobachtung, daß gerade diejenigen Metalle schöne Fließfiguren liefern, die eine ausgeprägte obere oder untere Fließgrenze besitzen, das heißt bei denen die Belastung nach Ueberschreitung der Elastizitätsgrenze zunächst abnimmt und erst nach etwa 1 bis 2 vH bleibender Dehnung wieder zu steigen anfängt[2]). Ich halte es daher für durchaus wahrscheinlich, daß die Erniedrigung der Elastizitätsgrenze durch bleibende Formänderung im allgemeinen mit ungleichförmiger

---

[1]) Genauer (mit Berücksichtigung der Aenderung des Querschnittes durch die bleibende Formänderung): Die Formänderung ist gleichmäßig verteilt, wenn die Spannung beim Zugversuch rascher steigt als $(1 + \varepsilon)$ und beim Druckversuch nicht rascher abnimmt als $(1 + \varepsilon)$ zunimmt. Vergl. z. B. Considère, Eisen und Stahl.

[2]) Eine eingehende quantitative Untersuchung über Fließfiguren an weichen Stahlkörpern findet man in einer neuesten Arbeit von W. Mason, Proc. of Phys. Soc. London 23 (1911) S. 305 (mit Literaturangaben).

Formänderung verbunden ist und als Vorbedingung zum Erscheinen von Fließfiguren gelten kann, daß dagegen Verfestigung des Materials gleichmäßige Formänderung und glatte Oberfläche zur Folge hat. Wir werden sehen, daß nach den mikroskopischen Untersuchungen diese beiden Formen des Formänderungsgesetzes den beiden verschiedenen Arten der Formänderung entsprechen, die in einem kristallinischen Gefüge möglich sind, wodurch diese Unterscheidung noch an Wichtigkeit gewinnt. So wäre es von Bedeutung, sicher festzustellen,

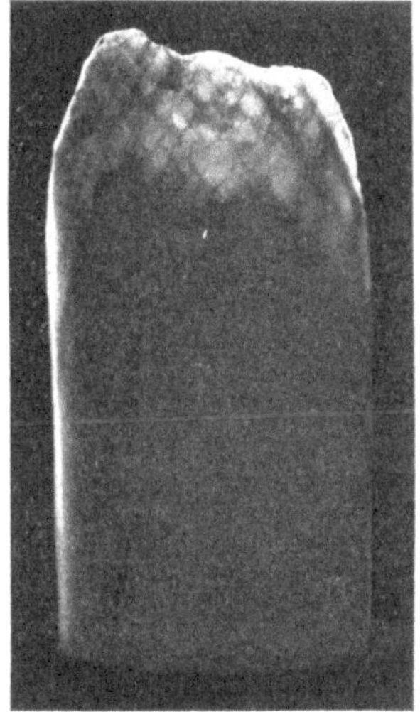

Fig. 18. Bruchlinien bei Marmor nach gewöhnlichem Druckversuch.

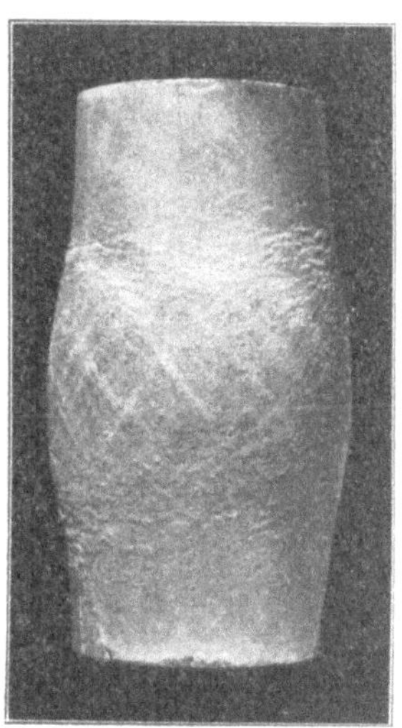

Fig. 19. Marmorkörper mit Gleitlinien (500 at Manteldruck).

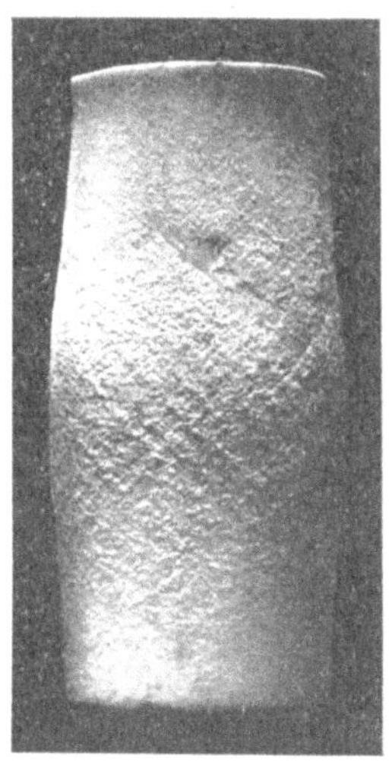

Fig. 20. Gleitlinien an Marmorkörpern (685 at Manteldruck).

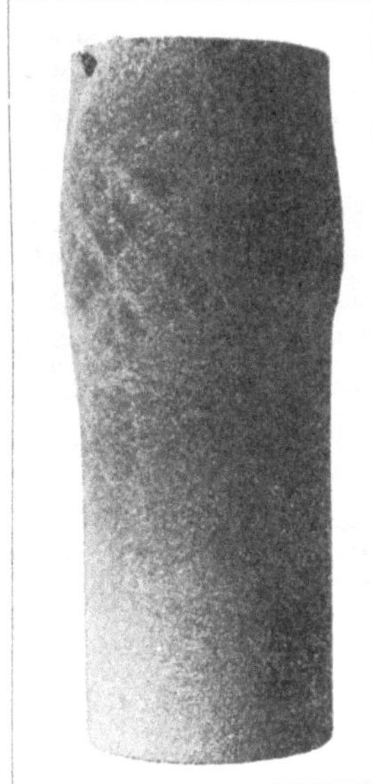

Fig. 21. Gleitlinien bei Sandstein (555 at Manteldruck).

Fig. 22. Sandsteinkörper nach gewöhnlichem Druckversuch bei kegelförmiger Bruchfläche.

ob die Entstehung der Fließfiguren in der Tat ohne Ausnahme mit einer ausgeprägten Abnahme der Last nach der Fließgrenze verbunden ist, ferner, ob das Fließen zwischen der oberen und der unteren Fließgrenze auch inbezug auf die mikroskopischen Erscheinungen im Kleingefüge von der späteren Formänderung, die unter Verfestigung des Materials vor sich geht, verschieden ist.

Weit schwieriger, als die Begleiterscheinungen der bildsamen Formänderung aus den Eigenschaften der Formänderungskurve abzuleiten, erscheint die Lösung der Frage, wie durch den Verlauf des Formänderungsgesetzes der Augenblick des Bruches bestimmt wird. Wir verfügen heutzutage überhaupt über keine sichere Vorstellung darüber, wodurch der Bruch bedingt wird. Man kann zwar den Weg einschlagen, daß man Festigkeitsmaschine und Probekörper als ein abgeschlossenes System betrachtet und die Gleichgewichtsbedingungen dieses Systemes untersucht unter Zugrundelegung eines beliebig gegebenen Formänderungsgesetzes für den Probekörper und mit Berücksichtigung der Elastizität der Festigkeitsmaschine [1]). In dieser Weise kommt man zwar zu dem Ergebnis, daß, wenn die Formänderungskurve eine steile Abnahme mit einem bestimmten Neigungswinkel aufweist, das Gleichgewicht labil wird; der Annahme jedoch, daß diese Labilität den wirklichen Anlaß zum Bruch liefert, widerspricht die Beobachtung, daß dem Bruch durchaus keine bestimmten Werte des Neigungswinkels der Formänderungskurve entsprechen. Im allgemeinen kann man nur feststellen, daß der Bruch im großen und ganzen desto eher erfolgt, je rascher die Belastung mit wachsender Formänderung abnimmt.

Was die Bruchflächen anbelangt, so steht es mit der Mohrschen Auffassung im Einklang, daß die primäre Bruchfläche durchaus die Merkmale eines Verschiebungsbruches aufweist. Die Neigung der Bruchflächen zur Druckrichtung, soweit die Flächen angenähert eben oder kegelförmig sind, entspricht ungefähr der Neigung der feineren Oberflächenrisse. Diese primären Bruchflächen sind durchaus mit feinem Mehl bedeckt im Gegensatz zu den sekundären Bruchflächen, die sich durch ihre glatte und harte Oberfläche offenbar als Trennungsflächen erkenntlich machen. Eigenartige Bruchflächen zeigt der Sandsteinkörper in Fig. 22; die primäre Bruchfläche bildet einen fast regelmäßigen Kreiskegel, der dann in das Gegenstück hineingedrückt wurde und dieses letztere in mehrere Stücke zersprengte.

Beide untersuchten Gesteine — wie übrigens ein überwiegend großer Teil der technisch wichtigen Baustoffe und insbesondere Metalle — gehören zu der Klasse von festen Körpern, die man am besten nach W. Voigt [2]) als »quasiisotrop« bezeichnen kann. Sie bestehen aus kristallinischen Körnern, die man, um sie von den durch regelmäßige Flächen begrenzten eigentlichen Kristallen zu unterscheiden, als Kristallite zu bezeichnen pflegt. Die Orientierung dieser Kristallite ist in den quasiisotropen Körpern nach allen Richtungen gleichmäßig verteilt, so daß sich jeder Teil des Körpers, der gegen die einzelnen Kristalliten einigermaßen groß ist, in elastischer Hinsicht als isotrop erweist. Durch die Untersuchungen von Mügge [3]), Heyn [4]), ferner von Ewing und Rosenhain [5]) ist festgestellt worden, daß das kristallinische Gefüge

---

[1]) Vergl. Verfassers »Untersuchungen über Knickversuchen«. Mitteilungen über Forschungsarbeiten Heft 81 S. 37 u. ff.

[2]) W. Voigt, Annalen der Physik Bd. 38 (1889) S. 573.

[3]) O. Mügge, Neues Jahrbuch für Mineralogie Bd. 1898 S. 71 und Bd. 2 (1899) S. 55.

[4]) Heyn, Z. d. V. d. I. 1900 S. 433.

[5]) Ewing und Rosenhain, Philos. Transactions Bd. 193 (1899) S. 353 und Bd. 195 (1900) S. 279; ferner W. Rosenhain, Journal of Iron and Steel Inst. Bd. 65 (1904) S. 335 und Bd. 70 (1906) S. 189.

gerade bei der bildsamen Formänderung der Metalle eine wesentliche Rolle spielt, indem es der inneren Formänderungsfähigkeit der Kristallite zu verdanken ist, daß erhebliche bleibende Formänderungen ohne Lockerung des Zusammenhanges vor sich gehen können. Die einzelnen Kristallite können nämlich durch Gleitungen (Translationen), ferner durch Umlagerungen zu Zwillingslamellen in ungemein vielfacher Weise umgeformt werden, so daß ein aus solchen Kristalliten bestehender Körper sehr erhebliche bleibende Formänderungen erfahren kann, ohne daß der Zusammenhang der Kristallite gestört werden müßte. Aehnliche Erscheinungen konnte ich an den Dünnschliffen beobachten, die den unter hohem allseitigem Druck umgeformten Probekörpern entnommen wurden, hauptsächlich bei Marmor. Diese Beobachtungen gewinnen dadurch an Bedeutung, weil neben der bildsamen Formänderung, die ähnlich wie bei den Metallen verläuft, an demselben Stoff die Aenderungen des Kleingefüges beim spröden Bruch beobachtet werden konnten. Da von unseren beiden Versuchstoffen der Marmor einen besonderen einfachen Aufbau besitzt, wollen wir mit den mikroskopischen Untersuchungen über Marmor beginnen.

Marmor besteht aus ziemlich dicht gelagerten Kalkspatkristallen ohne oder mit ganz wenig Bindemittel. Da bei Kalkspat Zwillingsbildungen außerordentlich leicht entstehen, so war zu erwarten, daß beim Fließen des Marmors die Zwillingsbildungen innerhalb der einzelnen Kristallite eine wesentliche Rolle spielen. Dies wurde durch die mikroskopischen Bilder der den unter hohem allseitigem Druck beanspruchten Probestücken entnommenen Dünnschliffe sehr schön bestätigt. Gänzlich fehlen zwar die Zwillingslamellen auch beim unbeanspruchten Marmor (vgl. Fig. 23) nur selten, was höchstwahrscheinlich als ein Zeichen vorangehender Formänderungen im Innern der Erdkruste anzusehen ist; doch finden wir sie bei den plastisch deformierten Probekörpern in ungemein großer Zahl. Einzelne Kristallite erscheinen durch geradezu dichte Schraffierung durchgezogen, so daß das mikroskopische Bild oft fast ein schachbrettartiges Aussehen gewinnt[1]), Fig. 24 bis 26.

Ein ganz anderes Bild liefern die Dünnschliffe, die jenen Probekörpern entnommen sind, welche entweder dem gewöhnlichen Druckversuch unterworfen wurden oder bleibende Formänderung unter niedrigem Manteldruck erlitten haben, Fig. 27 und 28. Die Anzahl der Zwillingslamellen hat sich in diesem Falle nicht wesentlich vermehrt, dafür tritt aber die Begrenzung der Kristallite stärker hervor, und zwar erscheinen nicht nur die Begrenzungslinien verstärkt, sondern oft sehen wir dicke Striche durch das ganze mikroskopische Bild durchziehen. Wir haben es offenbar mit einer ganz anderen Art der Formänderung zu tun, die wesentlich in Verschiebung der Kristallite gegen einander besteht, wobei die Begrenzungsflächen unvermeidlich etwas abgeschliffen werden und dadurch verdickt erscheinen. Die langen Striche, die zwischen einer großen Anzahl von Kristalliten hindurchziehen, bilden dabei zweifellos die ersten Anfänge zu den später auch mit freiem Auge sichtbaren Rissen; die in der Nachbarschaft dieser Streifen liegenden Kristallite sind augenscheinlich am stärksten in Anspruch genommen worden, manche scheinen sogar gespalten zu sein.

Man vermag daher auf Grund der mikroskopischen Bilder des Kleingefüges der beanspruchten Probekörper festzustellen, daß die Elastizitätsgrenze in zwei gänzlich verschiedenen Weisen überschritten werden kann: einerseits durch Ver-

---

[1]) Aehnliche mikroskopische Bilder fanden Adams und Nicolson bei ihren erwähnten Versuchen über plastische Formänderung von Gesteinen.

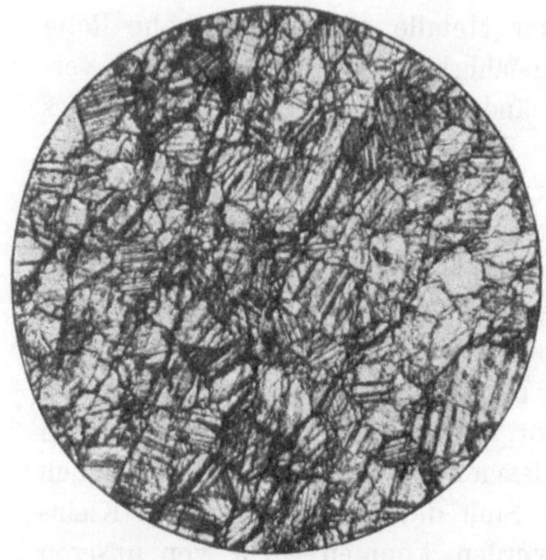

Fig. 23. Marmor, in natürlichem Zustande, 40 fach vergrößert.

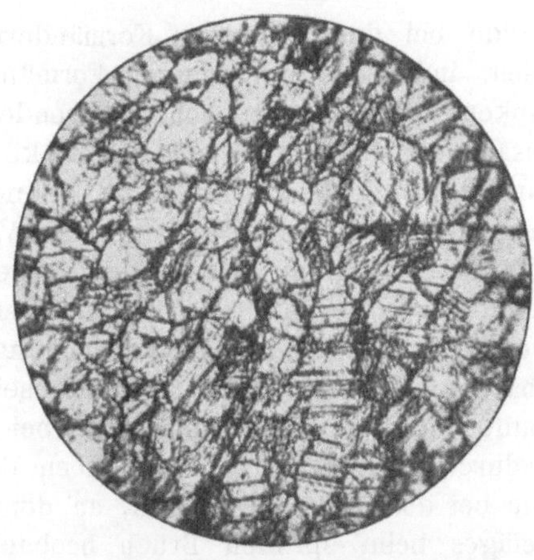

Fig. 24. Marmor, unter 2500 at allseitigem Druck nach 9 vH Längenänderung. Längsschnitt, 40 fach vergrößert.

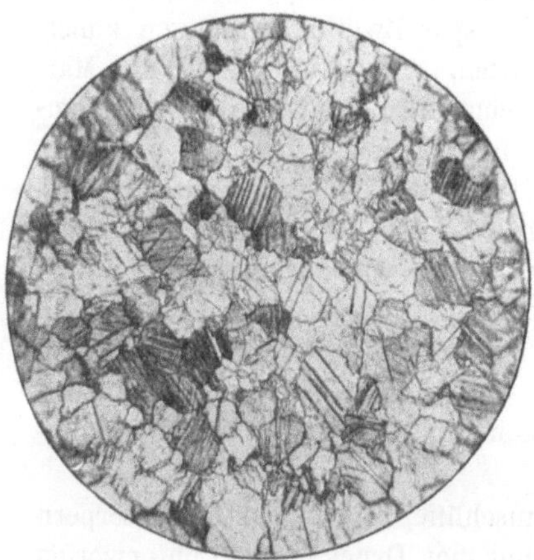

Fig. 25. Wie Fig. 24, Querschnitt.

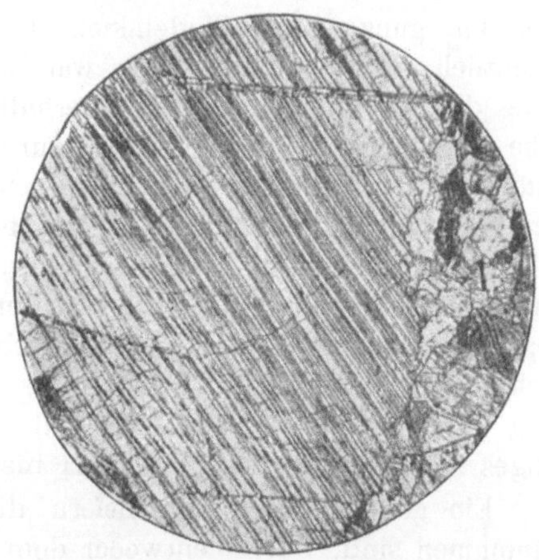

Fig. 26. Zwillingslamellen bei einem großen Kristall nach plastischer Formänderung. 40 fach vergrößert.

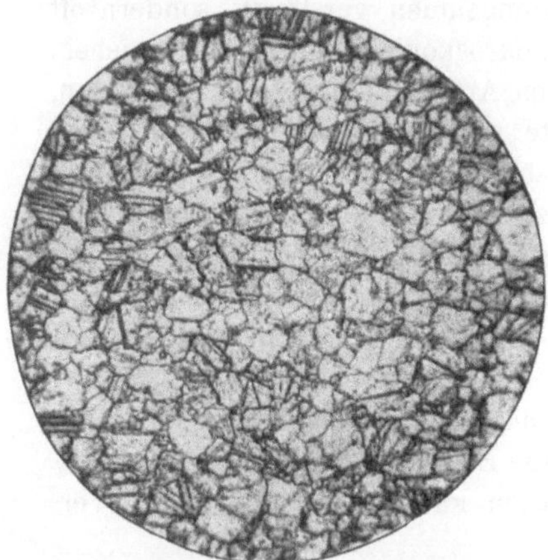

Fig. 27. Marmor, nach gewöhnlichem Druckversuch. 40 fach vergrößert.

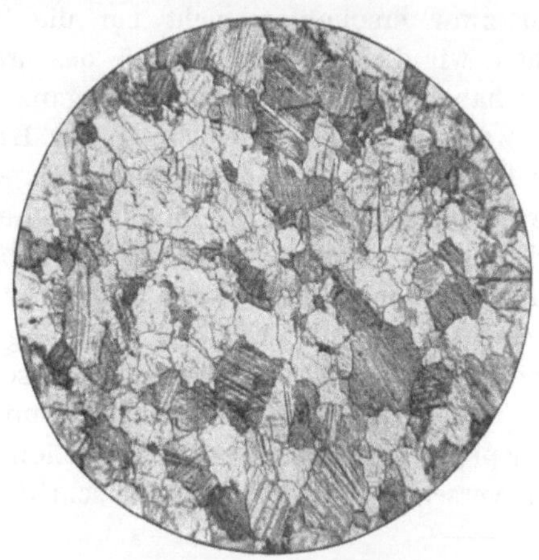

Fig. 28. Wie Fig. 27.

schiebung der an und für sich ungeändert bleibenden Kristallite gegeneinander, andererseits durch innere Aenderung der Kristallite, sozusagen durch molekulare Umlagerung[1]). Diese beiden Arten der bleibenden Formänderung springen besonders in den mikroskopischen Bildern mit stärkerer Vergrößerung ins Auge, Fig. 29 bis 31. Die beiden Typen bilden natürlich Grenzfälle, die nur unter ganz niedrigem bezw. sehr hohem allseitigem Druck rein hervortreten. Da-

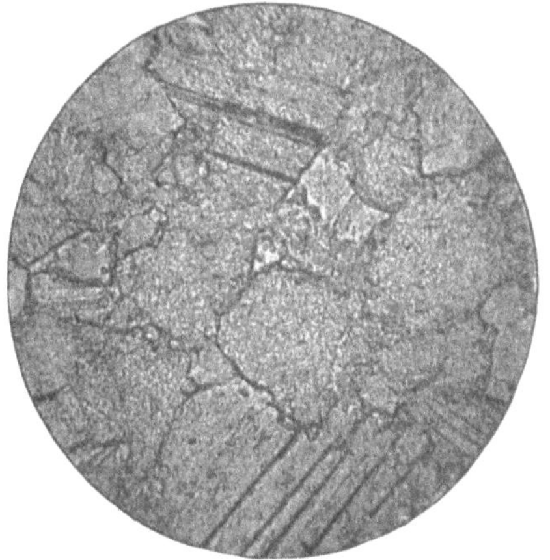

Fig. 29. Marmor in natürlichem Zustande, 140 fach vergrößert mit Polarisator ohne Analysator und schief (15°) beleuchtet.

Fig. 30. Marmor nach starker Formänderung unter 2000 at allseitigem Druck, 140 fach vergrößert.

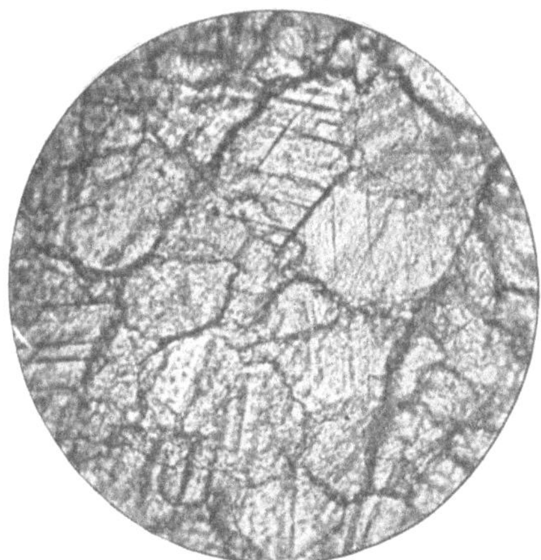

Fig. 31. Marmor nach gewöhnlichem Druckversuch. 140 fach vergrößert.

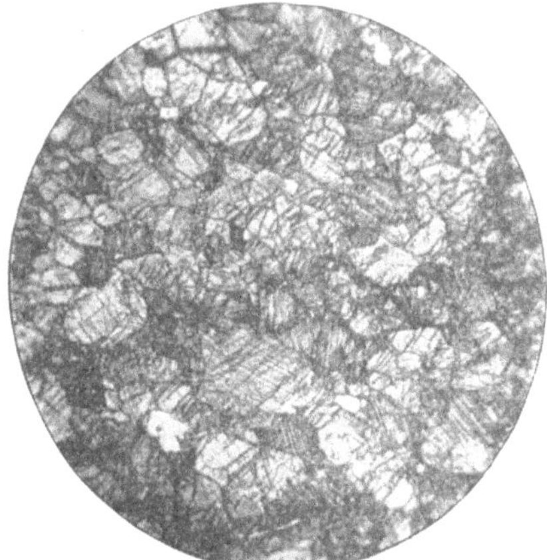

Fig. 32. Marmor, umgeformt unter 500 at allseitigem Druck. 13 vH Längenänderung. 40 fach vergrößert.

zwischen gibt es einen stetigen Uebergang. Ein Beispiel hierzu wird z. B. durch den Dünnschliff in Fig. 32 geliefert, der einem Probestab entnommen ist, welcher unter 500 at Manteldruck nahe bis zum Bruch beansprucht war. Einzelne Kristallite zeigen auch hier die für Zwillingsbilder kennzeichnende Schraffierung, im allgemeinen erscheint aber der Zusammenhang der Kristallite stark gelockert.

[1]) In ähnlicher Weise haben G. Tammann und O. Faust zwei verschiedene Arten der Formänderung bei Metallen unterschieden. Zeitschrift für physik. Chemie Bd. 75 (1910) S. 108. — Vgl. auch F. Osmond, Ch. Frémont und G. Cartaud über die Arten der Formänderung und des Bruches bei Schweiß- und Flußeisen. — Internationaler Verband für die Materialprüfungen der Technik, Brüsseler Kongreß 1906.

Vergleicht man diesen Befund der mikroskopischen Bilder mit den Beobachtungen über das Formänderungsgesetz und den mikroskopischen Beobachtungen über die Begleiterscheinungen des plastischen Fließens, so gewinnt man ungefähr folgendes Bild von den Vorgängen, entsprechend den zwei Arten der Formänderung.

Die Verschiebung der Kristallite gegen einander tritt besonders bei niedrigem allseitigem Druck auf. Je größer der Manteldruck, desto stärker werden die Kristallite aneinandergepresst, und desto mehr wird eine Verschiebung verhindert. Dies erklärt offenbar die Zunahme der Elastizitätsgrenze mit wachsendem Manteldruck, oder in der Mohrschen Auffassung die Zunahme des Grenzwertes für die Schubspannung mit dem Normaldruck. Tritt aber die bleibende Verschiebung einmal ein, so werden dadurch die Begrenzungsflächen abgeschliffen, so daß eine weitere Aenderung erleichtert wird; daher die Abnahme der Elastizitätsgrenze bei zunehmender Formänderung, d. h. Verminderung der Belastung mit fortschreitender Formänderung.

Diese erste Art der Formänderung, die man mit einem Fremdwort als »intergranulare Formänderung« bezeichnen kann, ist daher durch folgende beiden Merkmale gekennzeichnet: Zunahme der Elastizitätsgrenze mit zunehmendem allseitigem Druck und Abnahme der Elastizitätsgrenze durch fortschreitende Formänderung.

Die zweite Art der Formänderung, die innere Aenderung der Kristallite, wird erst dann überwiegen, wenn der Manteldruck hinreichend groß ist, die Verschiebung der Kristallite gänzlich zu verhindern. Der Einfluß des allseitigen Druckes auf die Elastizitätsgrenze hört damit auf. Die Möglichkeit von Zwillingsbildungen scheint eben von dem allseitigen Druck nicht abzuhängen, sondern nur vom Unterschiede der Kraftwirkungen nach verschiedenen Richtungen. So wird für die Elastizitätsgrenze nur der Unterschied der Hauptspannungen maßgebend, so daß eine Vermehrung sämtlicher Hauptspannungen um denselben Betrag für die Möglichkeit der Zwillingsbildungen gleichgültig ist. So ist es zu verstehen, daß bei sehr hohem allseitigem Druck die einfache Schubspannungstheorie oder die Theorie von einem gleichbleibenden Unterschied der äußersten Hauptspannungen zutreffend sein kann. Besonders einfach wird die Erhöhung der Elastizitätsgrenze durch die bleibende Formänderung, d. h. die sogen. Verfestigung des Stoffes durch die Betrachtung des Kleingefüges erklärt. Die Möglichkeit der Zwillingsbildung ist offenbar von der Orientierung der Kristallite gegen die Druckrichtung abhängig: so werden zuerst jene Kristallite zur Formänderung herangezogen, die für sie am günstigsten liegen; dann kommen erst jene heran, die weniger günstig liegen und deshalb einen größere Spannungsunterschied beanspruchen. Da nun die verschieden gerichteten Kristallite gleichmäßig verteilt sind, sozusagen in gleicher Anzahl da sind, so folgt daraus, daß der gesamte Kraftbedarf bei fortschreitender Formänderung zunehmen muß. So gelangt man also zu einer sehr einfachen zwanglosen Erklärung der Verfestigung (der »écrouissage« der französischen Autoren), die in der Technologie der Metalle eine so wesentliche Rolle spielt[1]). Ich glaube, daß diese Erklärung auf diejenigen Metalle, bei denen das Fließen in bildsamer Formänderung der Kristallite besteht, ohne weiteres übertragen werden kann, nur treten bei den meisten Metallen mehr

---

[1]) **Zu einer anderen Erklärung gelangen Tammann und Faust in ihrer erwähnten Arbeit über die Aenderung des Kleingefüges an der Elastizitätsgrenze.**

Gleitungen längs Spaltflächen und weniger Zwillingsbildungen auf. Die Verfestigung setzt sich dann dadurch, daß stets ungünstiger liegende Kristallite an die Reihe kommen, solange fort, bis in sämtlichen Kristalliten die Gleitflächen ausgebildet sind. Es muß aber hinzugefügt werden, daß bei Metallen dieser Art der Formänderung, die bei Marmor erst unter sehr hohem Manteldruck erfolgt, bei dem gewöhnlichen Zug- oder Druckversuch auftritt. Warum bei Metallen im allgemeinen die molekulare Formänderung leichter eintritt als die Verschiebung der Kristallite, ist bisher allerdings nicht aufgeklärt worden.

Als kennzeichnende Merkmale der Formänderung innerhalb der Kristallite, die man entsprechend als »intragranular« bezeichnen könnte, gelten daher auf Grund der vorangehenden Ueberlegungen: die Unabhängigkeit der Elastizitätsgrenze vom allseitigen Druck und die Verfestigung infolge bleibender Formänderung.

Die eben geschilderten Arten der bleibenden Formänderung treten bei Marmor dank seines gleichartigen und einfachen Gefüges besonders klar hervor. Bei quasiisotropen Körpern, die aus Kristallen mit sehr verschiedenen Festigkeitseigenschaften aufgebaut sind, werden natürlich die beiden Arten der Formänderung im allgemeinen nebeneinander auftreten. So läßt sich z. B. bei Sandstein, der aus harten Quarzkörnern und sehr weichen Glimmerplatten besteht, Fig. 33,

Fig. 33. Bunter Sandstein vor der Formänderung. 40 fach vergrößert mit gekreuzten Nikols.

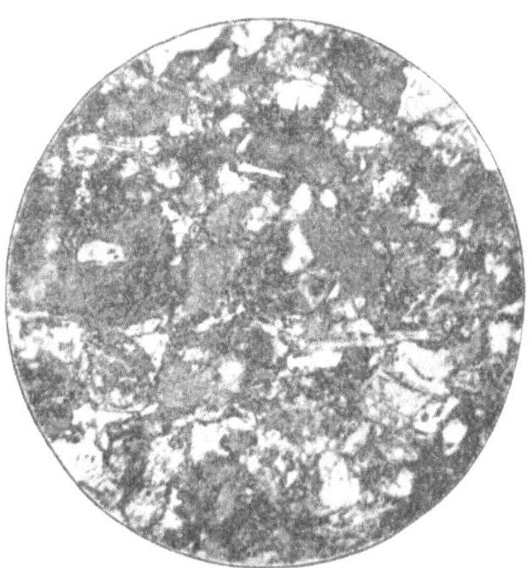

Fig. 34. Bunter Sandstein nach plastischer Formänderung. 40 fach vergrößert.

die in ein eisenhaltiges Bindemittel eingebettet sind, die kristallinische Formänderung nur für die Glimmerplatten sicher nachweisen: diese erscheinen stark gequetscht und gezogen, Fig. 34. Was aber die Quarzkörner anbelangt, so haben diese offenbar hauptsächlich eine gegenseitige Verschiebung erfahren; eine bildsame Formänderung konnte nicht zweifellos festgestellt werden. Zwar läßt der Umstand, daß der Farbenwechsel in polarisiertem Licht innerhalb desselben Kornes nicht gleichmäßig vor sich geht, auf eine solche schließen, doch dies kann auch eine Folge der ungleichmäßigen Dicke der Präparate sein. Daß bei Sandstein die gegenseitige Verschiebung der Kristallite die Hauptrolle spielt, steht damit in Einklang, daß der Zusammenhang des Gefüges bei diesem Stoff auch unter sehr hohem Manteldruck weit mehr gelockert wurde als bei Marmor.

Additional material from *Mitteilungen über Forschungsarbeiten*, ISBN 978-3-662-42284-7, is available at http://extras.springer.com

Zusammenfassung.

Man kann die Ergebnisse der in diesen Zeilen berichteten Versuche von zwei Standpunkten aus zusammenfassen: Der eine Standpunkt beschränkt sich auf die Beziehungen zwischen den Hauptspannungen und auf die Beziehungen zwischen Spannungzustand und Formänderung, während der andere Standpunkt auch die Aenderungen im Kleingefüge und sozusagen das innere Spiel der Vorgänge berücksichtigt.

Was den ersten Standpunkt anbetrifft, so ist zuerst zu sagen, daß bei den Druckversuchen unter allseitigem Druck die Mohrsche Vorstellung von der Elastizitätsgrenze mit den Erfahrungen sehr schön übereinstimmt. Die Versuche ergeben, so wie dies die Mohrsche Theorie erfordert, eine Zunahme der Elastizitätsgrenze mit wachsendem allseitigem Druck. Man darf die Annahme als bestätigt betrachten, daß die Elastizitätsgrenze durch einen mit der auf die Gleitfläche wirkenden Normalspannung zunehmenden Grenzwert der Schubspannung festgelegt ist, der bei sehr hohen Werten des Normaldruckes einem festen Höchstwerte zustrebt. Innerhalb eines engeren Bereiches wird daher die Coulombsche Theorie annähernd als zutreffend gelten können, wobei sich für hohe Werte des allseitigen Druckes die sogen. Theorie der größten Schubspannung oder die Theorie des größten Unterschiedes der Hauptspannungen (maximum stress-difference theory) als Grenzfall ergibt.

Die Grundannahme der Mohrschen Theorie, daß die mittlere Hauptspannung belanglos ist, konnte, wie schon oben erwähnt wurde, durch die Druckversuche allein nicht entschieden werden. Die Zugversuche, die in diesem Punkte die Entscheidung bringen sollen, sind bereits im Gange, und über die Ergebnisse soll demnächst berichtet werden.

Was den zweiten Standpunkt anbelangt, so haben die Versuche gezeigt, daß man es mit zwei Möglichkeiten der bleibenden Formänderung zu tun hat, deren eine — die gegenseitige Verschiebung der Kristallite — hauptsächlich bei niedrigen Werten des allseitigen Druckes, die zweite — die innere Aenderung der Kristallite — bei hohen Werten des allseitigen Druckes hervortritt. Mit der ersten Art der Ueberschreitung der Elastizitätsgrenze ist ein von der Normalspannung abhängiger Grenzwert der Schubspannung verbunden und eine Verschwächung des Stoffes durch fortschreitende Formänderung; diese Verschwächung hat dann ungleichförmige Verteilung der Formänderung und unter Umständen Fließfiguren zur Folge. Als Bedingung der Elastizitätsgrenze für die zweite Art der Formänderung ergibt sich dagegen ein gleichbleibender Wert der Schubspannung; die Formänderung ruft in diesem Falle eine Verfestigung des Stoffes hervor; dementsprechend erfahren die Probekörper eine gleichförmige Aenderung und bewahren die glatte Oberfläche.